1　正負の数

正負の数

点

月　日

JN050682

1 次の数を，正の符号，負の符号をつけて表しなさい。

(1)　0 より 7 小さい数

(2)　0 より□大きい数

(3)　0 より $\dfrac{2}{5}$ 大きい数

(4)　0 より 0.2 小さい数

2 □ にあてはまる数やことばを答えなさい。　　　　　　(8点×3)

(1)　300円の収入を＋300円と表すとき，500円の支出は ［　　　　　　］円と表すことができる。

(2)　現在から 5 年後を＋5 年と表すとき，－8 年は現在から ［　　　　　　］を表している。

(3)　テストの平均点65点を基準にして，72点を＋7 点と表すとき，61点は ［　　　　　　］点と表すことができる。

3 下の数直線について，次の問いに答えなさい。　　　　　　(6点×8)

(1)　点 A，B，C，D に対応する数を答えなさい。

(2)　次の⑦～㋤の数に対応する点を，上の数直線上に表しなさい。

　　⑦　＋2.5　　　　㋑　－4　　　　㋒　＋3.5　　　　㋤　－0.5

得点UP

1 正の整数 1, 2, 3, …を，自然数という。

3 原点（0 の点）を基準に，原点より右側は正の数，左側は負の数。

絶対値と数の大小

点

合格点：**76** 点／100 点

① 下の数直線上に，絶対値が 4 になる数に対応する点を•印で表しなさい。 (8点)

② 次の数の絶対値を答えなさい。 (7点×4)

(1) -6 (2) $+9$ (3) $+4.7$ (4) $-\dfrac{2}{9}$

③ 次の条件にあてはまる数をすべて求めなさい。 (8点×2)

(1) 絶対値が 5 になる数

(2) 絶対値が2.5より小さい整数

④ 次の各組の数の大小を，不等号を使って表しなさい。 (8点×6)

(1) $+6$, -10 (2) -20, -18

(3) -0.9, -1.2 (4) $-\dfrac{2}{7}$, $-\dfrac{2}{5}$

(5) 0, $+0.5$, -1 (6) -14, $+9$, -7

得点UP

③ (2)数直線上で，原点からの距離が2.5より小さい整数を考える。
④ （負の数）＜0＜（正の数）　また，負の数は，絶対値が大きいほど小さい。

月　　　日

1　正負の数

加法

点

合格点：**80** 点／100 点

1 次の計算をしなさい。　　　　　　　　　　　　　　　　　　　　（6点×10）

(1)　$(+8)+(+6)$

(2)　$(-3)+(-9)$

(3)　$0+(-9)$

(4)　$(-6)+(+6)$

(5)　$(-10)+(-5)$

(6)　$(-14)+(+8)$

(7)　$(+20)+(-12)$

(8)　$(-30)+(+23)$

(9)　$(+9)+(-17)$

(10)　$(-13)+(+25)$

2 次の計算をしなさい。　　　　　　　　　　　　　　　　　　　　（7点×4）

(1)　$(-0.5)+(+1.6)$

(2)　$(+3.4)+(-4.2)$

(3)　$\left(-\dfrac{5}{9}\right)+\left(-\dfrac{4}{9}\right)$

(4)　$\left(-\dfrac{4}{15}\right)+\left(+\dfrac{3}{5}\right)$

3 次の計算をしなさい。　　　　　　　　　　　　　　　　　　　　（6点×2）

(1)　$(-5)+(+8)+(-7)$

(2)　$(-7)+(+6)+(-8)+(+12)$

得点UP

1 (6)異符号の2数の和は，絶対値の差に，**絶対値の大きいほうの符号**をつける。

3 正の数の和，負の数の和を別々に求めて，それらを加える。

減法

1 次の計算をしなさい。 (6点×10)

(1) $(+4)-(+7)$

(2) $(+9)-(-8)$

(3) $(-13)-(+6)$

(4) $(-8)-(-15)$

(5) $(-10)-(+8)$

(6) $(-17)-(-9)$

(7) $(+15)-(-12)$

(8) $(-14)-(-6)$

(9) $(-4)-0$

(10) $0-(-18)$

2 次の計算をしなさい。 (6点×4)

(1) $(-0.5)-(+0.7)$

(2) $(-3)-(-0.6)$

(3) $\left(-\dfrac{5}{8}\right)-\left(+\dfrac{5}{8}\right)$

(4) $\left(-\dfrac{5}{12}\right)-\left(-\dfrac{3}{4}\right)$

3 右の表は，生徒A〜Dの数学のテストの得点を，生徒Cの得点を基準にして，Cとの差を表したものである。生徒Bを基準にすると，生徒AとDの得点はどのように表せるか答えなさい。 (8点×2)

A	B	C	D
−11	−4	0	+8

得点UP

1 ひく数の符号を変えて加法になおしてから計算する。

3 Bを基準にすると，Cの得点は＋4点と表せる。

1　正負の数

加減の混じった計算(1)

合格点：**80** 点／100 点

1 次の式の正の項，負の項をそれぞれ答えなさい。　　　(5点×2)

(1)　$(-3)-(+4)-(-6)$

(2)　$3-2+9-4$

2 次の式を，かっこのない式になおしなさい。　　　(5点×2)

(1)　$(+8)+(+5)+(-9)$

(2)　$(-6)-(-4)-(+2)$

3 次の計算をしなさい。　　　(8点×10)

(1)　$4-10+1$

(2)　$-7+16-10$

(3)　$9-14+7$

(4)　$-8+5-6$

(5)　$2-12-6+4$

(6)　$10-7-6+8$

(7)　$8-30+6+9$

(8)　$-18+3-7+6$

(9)　$-3+8-11+9$

(10)　$5-7-4-2$

得点UP

1　加法だけの式になおして考える。

3　正の項どうし，負の項どうしを集め，別々に計算するとよい。

START　　　　　　　　　　　　　　　　　　　　　　　　　　　　　　GOAL

1 正負の数

加減の混じった計算(2)

合格点： **80** 点／100点

点

1 次の計算をしなさい。 (6点×10)

(1) $12+(-20)-7$

(2) $-10+(-8)+21$

(3) $9+(-17)-(-6)$

(4) $-15-(-4)-(+7)$

(5) $6-18-(-8)+3$

(6) $21-(-16)+0-(+10)$

(7) $-14+(-5)-7+35$

(8) $18+(-3)-13-(-12)$

(9) $-12-(-17)+7+(-19)$

(10) $-15-8-(-25)-6$

2 次の計算をしなさい。 (10点×4)

(1) $-0.7+2.1-0.6$

(2) $-0.8-(-1.7)+(-10)$

(3) $-\dfrac{5}{6}+\dfrac{1}{2}-\dfrac{2}{5}$

(4) $\dfrac{5}{12}-\left(-\dfrac{3}{8}\right)+\left(-\dfrac{1}{6}\right)$

得点UP

1 かっこのない式になおし，正の項の和，負の項の和をそれぞれ求めて計算する。

2 (3) 3 つの分母の最小公倍数を共通な分母として通分するとよい。

1 正負の数

乗法(1)

点

合格点：**80**点／100点

1 次の計算をしなさい。 (5点×16)

(1) （＋4）×（＋7）

(2) （−8）×（＋7）

(3) （−9）×（−3）

(4) （＋6）×（−9）

(5) 2×（−9）

(6) （−7）×（−5）

(7) （−5）×8

(8) （−9）×（−9）

(9) 4×（−8）

(10) （−7）×7

(11) （−14）×（−2）

(12) 13×（−4）

(13) （−32）×2

(14) （−24）×（−4）

(15) 0×（−8）

(16) （−15）×0

2 次の数に＋1，−1をそれぞれかけて，積を求めなさい。 (5点×4)

(1) ＋7

(2) −7

得点UP

❶ ⑴同符号の2数の積は，絶対値の積に**正の符号＋**をつける。
⑵異符号の2数の積は，絶対値の積に**負の符号−**をつける。

乗法(2)

1 次の計算をしなさい。 (7点×4)

(1)　$4 \times (-2) \times 6$

(2)　$(-3) \times (-2) \times (-7)$

(3)　$15 \times (-4) \times (-3) \times 5$

(4)　$(-2) \times 5 \times (-14) \times (-3)$

2 次の計算をしなさい。 (7点×4)

(1)　$(-0.7) \times 0.9$

(2)　$0.5 \times (-0.8) \times (-1.5)$

(3)　$\dfrac{1}{6} \times \left(-\dfrac{3}{5}\right)$

(4)　$\left(-\dfrac{5}{8}\right) \times \left(-\dfrac{6}{5}\right) \times \left(-\dfrac{4}{9}\right)$

3 次の積を，累乗の指数を使って表しなさい。 (6点×2)

(1)　$9 \times 9 \times 9$

(2)　$(-5) \times (-5)$

4 次の計算をしなさい。 (8点×4)

(1)　$(-2)^4$

(2)　-5^2

(3)　$(-4^2) \times (-3)^2$

(4)　$(-18) \times \left(-\dfrac{2}{3}\right)^2$

得点UP

① はじめに積の符号を決める。負の数が奇数個 ⇨ －，偶数個 ⇨ ＋

④ (2)指数の位置に注意する。-5^2 と $(-5)^2$ はちがう。

1　正負の数

除法

1 次の計算をしなさい。　　　　　　　　　　　　　　　　　　　　(6点×8)

(1) $(+36) \div (+9)$

(2) $(-49) \div (+7)$

(3) $(-32) \div (-4)$

(4) $42 \div (-3)$

(5) $(-78) \div (-6)$

(6) $(-80) \div 5$

(7) $(-5.2) \div (-0.4)$

(8) $0 \div (-12)$

2 次の数の逆数を答えなさい。　　　　　　　　　　　　　　　　　(4点×4)

(1) 6

(2) -1

(3) $-\dfrac{5}{8}$

(4) 0.2

3 次の計算をしなさい。　　　　　　　　　　　　　　　　　　　　(6点×6)

(1) $\left(-\dfrac{5}{6}\right) \div 2$

(2) $(-20) \div \left(-\dfrac{5}{7}\right)$

(3) $\dfrac{2}{3} \div \left(-\dfrac{3}{4}\right)$

(4) $\left(-\dfrac{3}{7}\right) \div \dfrac{9}{8}$

(5) $\left(-\dfrac{4}{5}\right) \div \left(-\dfrac{9}{10}\right)$

(6) $\dfrac{10}{21} \div \left(-\dfrac{5}{14}\right)$

得点UP

1 はじめに商の符号を決める。2数が**同符号** ⇒ ＋ , 2数が**異符号** ⇒ －

3 ある数でわることは，その数の**逆数をかける**ことと同じ。

1　正負の数

乗除の混じった計算

1 次の計算をしなさい。 (7点×6)

(1)　$12 \div (-3) \times 9$

(2)　$(-14) \times (-3) \div (-7)$

(3)　$15 \times (-7) \div (-5)$

(4)　$(-14) \div (-12) \times 2$

(5)　$(-96) \div (-8) \div (-14)$

(6)　$(-7) \div 10 \times (-4) \div (-3)$

2 次の計算をしなさい。 (7点×6)

(1)　$\dfrac{2}{3} \times \dfrac{1}{4} \div \left(-\dfrac{5}{12}\right)$

(2)　$(-14) \div \dfrac{3}{5} \times \left(-\dfrac{9}{7}\right)$

(3)　$\left(-\dfrac{5}{9}\right) \div \left(-\dfrac{5}{6}\right) \div \left(-\dfrac{2}{7}\right)$

(4)　$\dfrac{3}{4} \div \left(-\dfrac{9}{16}\right) \times \left(-\dfrac{1}{2}\right)$

(5)　$\left(-\dfrac{4}{15}\right) \times \left(-\dfrac{9}{8}\right) \div \dfrac{3}{5}$

(6)　$(-9) \div \left(-\dfrac{15}{16}\right) \div \left(-\dfrac{6}{5}\right)$

3 次の計算をしなさい。 (8点×2)

(1)　$(-6)^2 \div 9$

(2)　$(-2^4) \div (-6)^2 \times 18$

得点UP

1 わる数の逆数をかけて，**乗法だけの式**になおして計算する。

3 まず**累乗の部分**を計算する。

四則の混じった計算

月　　　日

点

合格点：**81** 点／100 点

1 次の計算をしなさい。 (6点×8)

(1) $9-(-6)\times3$

(2) $-12+36\div(-4)$

(3) $(-7)\times(-4)+6\times(-6)$

(4) $8\times(-6)-(-7^2)$

(5) $7\times(6-11)-(-16)$

(6) $-9-(8-6^2)\div2$

(7) $6-27\div(-3^2)+(-13)$

(8) $(-8)\times\{21\div(-9+6)\}$

2 分配法則を利用して，次の計算をしなさい。 (7点×4)

(1) $\left(\dfrac{1}{2}-\dfrac{2}{3}\right)\times12$

(2) $\left(\dfrac{1}{8}-\dfrac{5}{6}\right)\times(-24)$

(3) $65\times(-12)+35\times(-12)$

(4) $3.8\times4.2+3.8\times(-14.2)$

3 右の表で，左にあげた数の集合で四則を考える。計算がその集合でいつでもできる場合は○を，いつでもできるとは限らない場合は×を書きなさい。ただし，0でわることは考えないものとする。

	加法	減法	乗法	除法
自然数				
整数				
数				

(2点×12)

得点UP

❶ （　）の中・累乗→乗法・除法→加法・減法の順に計算する。

❷ 分配法則 $(a+b)\times c=a\times c+b\times c$　　$c\times(a+b)=c\times a+c\times b$

1 正負の数

素数

1 次の自然数の中から，素数をすべて選び，記号で答えなさい。 (10点)

⑦ 1 　　　 ⑦ 6 　　　 ⑨ 11 　　　 ㊀ 37 　　　 ㊉ 51

2 次の自然数を，素因数分解しなさい。 (10点×4)

(1) 20 　　　　　　　　　　　　 (2) 54

(3) 196 　　　　　　　　　　　　 (4) 350

3 次の問いに答えなさい。 (10点×2)

(1) 441はどのような自然数の 2 乗になっているか，答えなさい。

(2) 240にできるだけ小さい自然数をかけて，ある整数の 2 乗になるようにしたい。どんな数をかければよいか，答えなさい。

4 300と420を素因数分解すると，下のようになる。このことを使って，次の問いに答えなさい。 (15点×2)

$$300＝2^2×3×5^2 \qquad 420＝2^2×3×5×7$$

(1) 最大公約数を求めなさい。

(2) 最小公倍数を求めなさい。

得点UP

❶ 素数は，1とその数のほかに約数がない自然数である。

1 正負の数

まとめテスト①

月 日

点

合格点：**78** 点／100 点

1 次の各組の数の大小を，不等号を使って表しなさい。 (7点×2)

(1) 6，−8

(2) $-\dfrac{5}{7}$，0，$-\dfrac{5}{6}$

2 次の計算をしなさい。 (7点×8)

(1) $5-12-4+9$

(2) $-17-(-9)+(-8)+25$

(3) $4\times(-8)$

(4) $(-9)\div\left(-\dfrac{3}{10}\right)$

(5) $(-4)^2\div8\times(-9)$

(6) $(-2)\times\dfrac{4}{15}\div\left(-\dfrac{2}{3}\right)$

(7) $-17-8\times(-3)$

(8) $\left(\dfrac{2}{3}+\dfrac{5}{6}\right)\times(-12)-(-18)$

3 次の自然数を，素因数分解しなさい。 (7点×2)

(1) 100

(2) 294

4 次のことがらについて，いつでも正しい場合は正しいと書き，いつでも正しいとは限らない場合は，正しくない例を書きなさい。 (8点×2)

(1) 2つの自然数の積は自然数である。

(2) 積が自然数になる2つの数は，どちらも自然数である。

文字を使った式，積・商の表し方

1 次の数量を，文字を使った式で表しなさい。　　　　　　　　(8点×5)

(1)　1本 a 円の鉛筆を8本買ったときの代金

(2)　周の長さが x cm の正三角形の1辺の長さ

(3)　1個 a g のりんご10個を，b g のかごにつめたときの全体の重さ

(4)　底辺が x cm，高さが y cm の三角形の面積

(5)　128ページある本を，1日に a ページずつ b 日間読んだときの残りのページ数

2 次の式を，文字式の表し方にしたがって表しなさい。　　　　　(6点×8)

(1)　$n \times 9 \times m$ 　　　　　　　　　(2)　$(-1) \times y \times x$

(3)　$(x+8) \times 0.1$ 　　　　　　　　(4)　$x \times x \times x \times 3$

(5)　$b \times (-2) \times a \times a$ 　　　　　(6)　$x \div 8$

(7)　$3 \div (-y)$ 　　　　　　　　　(8)　$(b-4) \div (-5)$

3 次の式を，×や÷の記号を使って表しなさい。　　　　　　　(6点×2)

(1)　$4ab^2$ 　　　　　　　　　　　(2)　$\dfrac{x+y}{2}$

得点UP

❶ ことばの式をつくり，それに文字や数をあてはめる。

❷ (4)(5)同じ文字の積は，**累乗の指数**を使って書く。(6)～(8)記号÷は使わずに，**分数の形**で書く。

2 文字と式

乗除の混じった式

合格点：**78** 点／100 点

1 次の式を，文字式の表し方にしたがって表しなさい。 (5点×8)

(1) $x \times y \div 3$

(2) $a \div b \div 2$

(3) $6 \div n \times m$

(4) $4 \div y \div (-7)$

(5) $(a+b) \times 7 \div c$

(6) $1 \div z \times (x+y)$

(7) $y \div 8 \times x \times x$

(8) $m \times m \times (-3) \div n$

2 次の式を，文字式の表し方にしたがって表しなさい。 (6点×6)

(1) $10 - 5 \times x$

(2) $x \times y \times 7 + 3$

(3) $a \times 0.1 + 5 \div b$

(4) $4 \div x + y \div 3$

(5) $8 - (x-y) \div 2$

(6) $y \times y \times 6 + y$

3 次の式を，×や÷の記号を使って表しなさい。 (6点×4)

(1) $\dfrac{2b}{7}$

(2) $\dfrac{3a^2}{b}$

(3) $8x - 5y$

(4) $5(x+y) + \dfrac{z}{2}$

得点UP

1 左から順に，×や÷の記号をはぶいていく。

2 ＋や－の記号ははぶけないことに注意する。

2 文字と式

数量の表し方

合格点：**75**点／100点

点

1 次の数量を表す式を書きなさい。 (10点×7)

(1) 1個 a kg の荷物 8 個分の重さ

(2) x km の道のりを，2 時間で歩いたときの時速

(3) 片道10 km の道のりを，行きは時速 x km，帰りは時速 y km で歩いたときの往復にかかった時間

(4) 十の位の数が a，一の位の数が 3 である 2 けたの自然数

(5) x m のテープから20 cm のテープを y 本切り取ったときの残りの長さ

(6) a m^2 の畑の 5 ％の面積

(7) y 円の品物を，2 割引きで買ったときの代金

2 半径が r cm の円がある。円周率を π としたとき，次の式はどんな数量を表しているか答えなさい。 (15点×2)

(1) $2\pi r$ cm (2) πr^2 cm^2

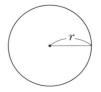

得点UP

1 (5)単位をそろえて式をつくる。 (6)1% ⇨ $\frac{1}{100}$（または，0.01） (7)1 割 ⇨ $\frac{1}{10}$（または，0.1）

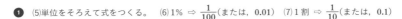

2　文字と式

式の値

1 $x＝2$ のとき，次の式の値を求めなさい。　　　　　　　（8点×4）

(1)　$8x＋5$　　　　　　　　　　　(2)　$6－5x$

(3)　$－x^2$　　　　　　　　　　　(4)　$\dfrac{8}{x}－7$

2 $x＝－5$ のとき，次の式の値を求めなさい。　　　　　　（8点×4）

(1)　$3x＋7$　　　　　　　　　　　(2)　$8－4x$

(3)　$(－x)^2$　　　　　　　　　　(4)　$\dfrac{5}{x}$

3 $x＝\dfrac{1}{3}$ のとき，次の式の値を求めなさい。　　　　　（9点×2）

(1)　$9x＋8$　　　　　　　　　　　(2)　$2－36x^2$

4 $a＝1,\ b＝－2$ のとき，次の式の値を求めなさい。　　（9点×2）

(1)　$2a－4b$　　　　　　　　　　(2)　$－3a＋\dfrac{1}{2}b^2$

得点UP

2 負の数は，ふつう（　）をつけて代入する。

2 文字と式

項と係数

合格点：**80**点／100点

点

1 次の式の項と係数を答えなさい。

(4点×2)

(1) $2x - y$

(2) $-9a - \dfrac{b}{2}$

2 次の計算をしなさい。

(6点×6)

(1) $4a - 6a$

(2) $-2x - 9x$

(3) $-5a + (-8a) + 2a$

(4) $2y - (-y)$

(5) $0.5a - 1.3a$

(6) $\dfrac{6}{7}x - \dfrac{9}{7}x + \dfrac{3}{14}x$

3 次の計算をしなさい。

(7点×8)

(1) $3x + 2 + 4x$

(2) $-7y + 3 + 6y$

(3) $9a - 2 - 3a + 7$

(4) $2x - 6 - 6x + 9$

(5) $-7y + 3 - 8 + 4y$

(6) $-8 - a - 4 + 2a$

(7) $-a + 0.8 - 0.6 - 0.4a$

(8) $x - \dfrac{2}{5} - \dfrac{x}{5} - \dfrac{3}{5}$

得点UP

2 文字の部分が同じ項は，1つの項にまとめることができる。$mx + nx = (m + n)x$

3 文字の項どうし，数の項どうしをそれぞれまとめる。

2 文字と式

1次式の加減

1 次の計算をしなさい。 (6点×6)

(1) $4a+(3a-2)$

(2) $6x+3+(-5x-8)$

(3) $(2x-4)+(6x-2)$

(4) $(-x+4)+(6x-4)$

(5) $(a-2)+(-6-a)$

(6) $\left(\dfrac{x}{2}-1\right)+\left(\dfrac{2}{5}-\dfrac{2}{3}x\right)$

2 次の計算をしなさい。 (6点×6)

(1) $a-(-6a+3)$

(2) $4x-2-(2x-9)$

(3) $(9x-7)-(8x+3)$

(4) $(8x-7)-(4x-5)$

(5) $(-2a+3)-(8-6a)$

(6) $\left(\dfrac{3}{5}x-\dfrac{1}{3}\right)-\left(\dfrac{1}{5}+\dfrac{3}{10}x\right)$

3 次の2つの式をたしなさい。また，左の式から右の式をひきなさい。 (7点×4)

(1) $5x-3,\ 4x+5$

(2) $4-9a,\ 5a-4$

得点UP

1 ＋（ ）は，そのままかっこをはずす。

2 －（ ）は，かっこの中の**各項の符号を変えて**，かっこをはずす。

1次式と数の乗除

1 次の計算をしなさい。 (5点×6)

(1) $3a \times 6$

(2) $(-5x) \times 7$

(3) $\dfrac{2}{3}b \times 9$

(4) $48y \div 8$

(5) $36x \div (-4)$

(6) $(-9a) \div (-9)$

2 次の計算をしなさい。 (7点×6)

(1) $2(3a+6)$

(2) $4(2y-5)$

(3) $-6(x+7)$

(4) $-8(3b-9)$

(5) $9\left(\dfrac{1}{3}x+2\right)$

(6) $-15\left(\dfrac{2}{5}a-\dfrac{2}{3}\right)$

3 次の計算をしなさい。 (7点×4)

(1) $(9x+12) \div 3$

(2) $(14a+21) \div (-7)$

(3) $(5b-20) \div (-5)$

(4) $(-12y-24) \div (-6)$

得点UP

2 分配法則を使い，かっこの外の数をかっこ内のすべての項にかける。

3 除法を乗法になおして計算する。

2 文字と式

いろいろな計算

点

1 次の計算をしなさい。 (9点×2)

(1) $\dfrac{2x+3}{4} \times 12$

(2) $\dfrac{3x-2}{5} \times (-15)$

2 次の計算をしなさい。 (8点×8)

(1) $3a+2(2a-3)$

(2) $9x-2(4x+5)$

(3) $(x+3)+3(2x-3)$

(4) $2(a-3)+6(a+2)$

(5) $2(3x+5)-3(3x+1)$

(6) $7(a-2)-5(2a+1)$

(7) $-8(2x-5)+4(4x-9)$

(8) $-4(3x+3)-3(x-4)$

3 次の計算をしなさい。 (9点×2)

(1) $\dfrac{1}{3}(6x+15)+\dfrac{2}{5}(5x-10)$

(2) $\dfrac{1}{2}(6a-10)-\dfrac{3}{4}(8a-12)$

得点UP

❶ 分母とかける数とで**約分**し，**（ ）×数の形**になおしてからかっこをはずす。

❷ **かっこをはずし**，文字の項，数の項をそれぞれまとめる。

2 文字と式

関係を表す式

合格点：**74** 点／100点

点

① 次の数量の間の関係を等式で表しなさい。 (10点×3)

(1) ある数 x を3倍して4をひくと，x に12を加えた数と等しい。

(2) 1個 a 円のりんごを5個買って1000円出したら，おつりが b 円だった。

(3) 75枚の色紙を，a 人の生徒に1人6枚ずつ配ったら，b 枚余った。

② 次の数量の間の関係を不等式で表しなさい。 (10点×3)

(1) 1個120円のクッキーを x 個と1本150円のジュースを y 本買って1000円出したら，おつりがきた。

(2) 定価 a 円の品物を，定価の3割引きで買ったら，b 円以上だった。

(3) x m の道のりを分速120m の速さで走ったら，かかった時間は y 分未満だった。

③ 次の面積を求める公式をつくりなさい。 (8点×2)

(1) 上底 a cm，下底 b cm，高さ h cm の台形の面積 S cm²

(2) 半径 r cm の円の面積 S cm²（ただし，円周率は π とする）

④ ある水族館の入館料は，おとな1人が a 円，子ども1人が b 円である。このとき，次の等式や不等式はどんなことを表しているか，答えなさい。 (8点×3)

(1) $a+b=2000$ (2) $3a>4b$

(3) $3a+4b \leqq 7000$

得点UP

❷ a は b 以上…$a \geqq b$，a は b 以下…$a \leqq b$，a は b より大きい…$a>b$，a は b 未満…$a<b$
❸ (1)台形の面積＝（上底＋下底）×高さ÷2 (2)円の面積＝半径×半径×円周率

2 文字と式

まとめテスト②

1 $x=-4$ のとき，次の式の値を求めなさい。 (6点×2)

(1) $3x+8$

(2) $-2x^2$

2 次の計算をしなさい。 (7点×4)

(1) $3x-7x$

(2) $7a-5-7-3a$

(3) $(4a-3)+(2a+2)$

(4) $(-6x-2)-(3x-7)$

3 次の計算をしなさい。 (8点×6)

(1) $6x\times(-3)$

(2) $-4(3a-7)$

(3) $(-8a+18)\div2$

(4) $\dfrac{2x-5}{3}\times(-9)$

(5) $5(x-3)+3(2x+4)$

(6) $3(5x-6)-9(3x-2)$

4 次の数量の間の関係を，等式または不等式で表しなさい。 (6点×2)

(1) A 地点から自転車に乗って，はじめは時速 8 km の速さで x 時間走り，途中から時速 6 km の速さで y 時間走ったら，12 km 離れた B 地点に着いた。

(2) 3 m のテープから a cm のテープを20本切り取ったら，残りのテープの長さは b m 以下だった。

方程式とその解

点

合格点：**82** 点／100 点

1 1，2，3 のうち，次の方程式の解となるものをそれぞれ答えなさい。 (8点×2)

(1) $3x-2=4$

(2) $5x-4=x+8$

2 次の方程式のうち，4 が解であるものを選び，記号で答えなさい。 (12点)

⑦ $2x+3=9$ 　　 ⑦ $-2x+4=12$ 　　 ⑦ $x+2=3x-6$

3 次の(1)～(4)で，左の等式から右の等式を導くには，下の等式の性質①～④のどれを使えばよいか，それぞれ番号で答えなさい。 (9点×4)

(1) $x+6=13 \longrightarrow x=7$

(2) $-3x=21 \longrightarrow x=-7$

(3) $\dfrac{x}{5}=-5 \longrightarrow x=-25$

(4) $x-7=8 \longrightarrow x=15$

〈 **等式の性質** 〉

① $A=B$ ならば，$A+C=B+C$ 　　② $A=B$ ならば，$A-C=B-C$

③ $A=B$ ならば，$A\times C=B\times C$ 　　④ $A=B$ ならば，$A\div C=B\div C$ $(C\neq 0)$

4 次の方程式を，等式の性質を使って解きなさい。 (9点×4)

(1) $x-4=-5$

(2) $-\dfrac{1}{3}x=-6$

(3) $9+x=2$

(4) $5x=-20$

得点UP

❶ 式の中の文字に特別な値を代入すると成り立つ等式を**方程式**といい，方程式を成り立たせる文字の値を**解**という。

❷ $x=4$ を代入して，**左辺＝右辺** が成り立つかどうか調べる。

3　方程式

方程式の解き方(1)

1 次の方程式を解きなさい。 (5点×4)

(1)　$x+7=3$

(2)　$x-8=-2$

(3)　$-5x=-40$

(4)　$-\dfrac{x}{2}=8$

2 次の方程式を解きなさい。 (8点×10)

(1)　$2x+7=15$

(2)　$6x+8=-10$

(3)　$3-4x=-17$

(4)　$9-5x=19$

(5)　$7x=5x-4$

(6)　$4x=7x-12$

(7)　$5x=9x+6$

(8)　$2x=10-3x$

(9)　$-6x=8-5x$

(10)　$-2x=10+4x$

得点UP

2 (1)左辺の数の項を右辺に移項し，「$ax=b$」の形にしてから，両辺を x の係数 a でわる。
(5)右辺の x をふくむ項を左辺に移項し，「$ax=b$」の形にしてから，両辺を x の係数 a でわる。

3 方程式

方程式の解き方(2)

合格点：**78** 点／100点

点

1 次の方程式を解きなさい。 （6点×6）

(1) $3x - 45 = -2x$

(2) $2x + 8 = 6x$

(3) $-6x - 10 = 2x$

(4) $5 + 4x = 3x$

(5) $24 + 3x = -5x$

(6) $8 - 7x = -x$

2 次の方程式を解きなさい。 （8点×8）

(1) $5x - 2 = 3x + 8$

(2) $9x - 3 = 5x - 11$

(3) $6x - 6 = 15 - x$

(4) $3x + 7 = 8x - 13$

(5) $10 + 4x = 4 - 5x$

(6) $-9x + 5 = -x - 11$

(7) $4 + 3x = 7x + 6$

(8) $8x + 5 = 5 - 2x$

得点UP

❶ x をふくむ項は左辺に，数の項は右辺に移項する。

❷ (4) x の係数が正の数になるように，文字の項を右辺に，数の項を左辺に移項してもよい。

START ○　　○　　○　　○　　　　　　　　　　　　　　GOAL

いろいろな方程式

1 次の方程式を解きなさい。 (8点×4)

(1) $2(x-3)+5=9$

(2) $7x+8=3(x-4)$

(3) $5(2x-3)=3(x+2)$

(4) $2x-5(x+2)=4(5-2x)$

2 次の方程式を解きなさい。 (8点×4)

(1) $0.7x-1.8=0.5x$

(2) $-0.2x+0.8=0.4x+2$

(3) $0.36x-1.2=0.16x+1$

(4) $0.3(2x+3)=0.1x-1.1$

3 次の方程式を解きなさい。 (9点×4)

(1) $\dfrac{2}{3}x-4=\dfrac{x}{6}$

(2) $\dfrac{3}{5}x-\dfrac{2}{3}=\dfrac{x}{3}-2$

(3) $\dfrac{x}{3}+2=\dfrac{3x-2}{4}$

(4) $\dfrac{3x+2}{2}=\dfrac{6x-4}{5}$

得点UP

2 両辺に10や100をかけて，**係数を整数**にしてから解く。

3 両辺に分母の最小公倍数をかけて，**分母をはらって**から解く。

1次方程式の利用(1)

合格点：**75** 点／100 点

点

---

1 1個60円のみかんと1個150円のりんごをあわせて10個買ったら，代金の合計が960円になった。このとき，次の問いに答えなさい。 （(1) 6点，(2)12点，(3)12点）

(1) 買ったみかんの個数を x 個としたとき，買ったりんごの個数を表す式を答えなさい。

(2) (1)を利用して，等しい関係にある数量をみつけて，方程式をつくりなさい。

(3) 買ったみかんとりんごの個数を，それぞれ求めなさい。

---

2 長さ190 cm のテープを姉と妹で分けたところ，姉のほうが妹より40 cm 長くなった。姉と妹のテープの長さはそれぞれ何 cm か求めなさい。 （20点）

---

3 現在，父の年齢は40歳，子の年齢は12歳である。父の年齢が子の年齢の5倍であったのは，現在から何年前か求めなさい。 （25点）

---

4 画用紙を何人かの子どもに配るのに，1人に3枚ずつ配ると26枚余り，5枚ずつ配ると30枚たりない。子どもの人数と画用紙の枚数をそれぞれ求めなさい。 （25点）

得点UP

2 妹のテープの長さを $x$cm とすると，姉のテープの長さは，$(x+40)$cm と表せる。
4 子どもの人数を x 人として，画用紙の枚数を**2通りの式**に表して解くとよい。

1次方程式の利用(2)

点

合格点：**78** 点／100 点

1 弟が家を出発してから12分後に，兄は家を出発し，自転車で同じ道を追いかけた。弟の歩く速さを分速80 m，兄の自転車の速さを分速240 m とすると，兄は家を出発してから何分後に弟に追いつくか求めなさい。 (22点)

2 船で川下の A 地点と川上の B 地点を往復した。行きは時速20 km，帰りは時速30 km の速さで進んだので，往復で 4 時間かかった。A，B 間の距離は何 km か求めなさい。 (22点)

3 ある数 x を 8 倍して 9 をたすと，x を 5 倍した数と等しくなる。このとき，ある数はいくつか求めなさい。 (22点)

4 次の x についての方程式の解が〔　〕の中の値のとき，a の値を求めなさい。(17点×2)

(1)　$a-2x=x$　〔6〕　　　　　　(2)　$8x+21=4x+a$　〔-6〕

得点UP

1 追いつくまでに 2 人の進んだ**道のりは等しい**ことから，方程式をつくる。

4 方程式に解を代入し，a について解く。

比例式

1 次の比例式で，x の値を求めなさい。

(9点×8)

(1)　$x:9=2:3$

(2)　$20:5=x:3$

(3)　$6:10=12:x$

(4)　$21:x=28:24$

(5)　$x:6=\dfrac{1}{3}:\dfrac{1}{4}$

(6)　$\dfrac{3}{4}:\dfrac{5}{8}=x:25$

(7)　$3:8=15:(x+15)$

(8)　$21:(x-8)=35:x$

2 あるお菓子は，小麦粉150gにバター60gの割合で混ぜて作る。小麦粉を400g とすると，バターは何g混ぜればよいか求めなさい。

(14点)

3 4mのリボンを姉と妹で分けるのに，姉と妹の長さの比が3：2になるように したいと思う。姉のリボンは何cmにすればよいか求めなさい。

(14点)

得点UP

1 比例式の性質 $a:b=c:d$ ならば $ad=bc$ を利用する。

3 姉と妹の長さの比が3：2だから，全体は3＋2＝5とみることができる。

まとめテスト③

点

合格点：**78** 点／100 点

1 次の方程式を解きなさい。 (7点×8)

(1) $-\dfrac{3}{4}x = -9$

(2) $8 - 2x = 12$

(3) $5x - 12 = 8x$

(4) $-x + 2 = 3x - 4$

(5) $-2(x + 3) = 4x - 6$

(6) $2(3x - 6) = 6(4 - x)$

(7) $4x + 1.9 = 3.7x - 2$

(8) $\dfrac{x + 1}{3} = \dfrac{3x - 5}{5}$

2 次の比例式で，x の値を求めなさい。 (7点×2)

(1) $9 : 12 = 21 : x$

(2) $16 : 10 = (x + 9) : 15$

3 x についての方程式 $7x + 3 = 5x + a$ の解が $x = -4$ であるとき，a の値を求めなさい。 (15点)

4 ばらの花が，A の容器には50本，B の容器には13本入っている。A から B にばらの花を何本か移して，A の本数が B の本数の 2 倍になるようにしたい。A から B に何本移せばよいか求めなさい。 (15点)

1　次の(1)，(2)について，y を x の式で表し，y が x に比例することを示しなさい。また，その比例定数も答えなさい。 (15点×2)

(1)　1本60円の鉛筆を x 本買ったとき，代金は y 円である。

(2)　底辺が10 cm，高さが x cm の三角形の面積を y cm² とする。

2　次の⑦〜㋑の式で表される x と y の関係で，y が x に比例するものをすべて選び，記号で答えなさい。 (20点)

⑦　$y = x + 5$　　　　　④　$y = x$　　　　　㋒　$y = \dfrac{x}{5}$　　　　　㋑　$y = \dfrac{5}{x}$

3　y は x に比例し，$x = 3$ のとき $y = -9$ である。次の問いに答えなさい。 (10点×2)

(1)　y を x の式で表しなさい。

(2)　$x = -6$ のときの y の値を求めなさい。

4　A町から48 km 離れた B町まで自転車で行く。自転車の速さを時速 12km，A町を出発してからの時間を x 時間，A町を出発してから進んだ距離を y km とするとき，次の問いに答えなさい。 (15点×2)

(1)　y を x の式で表しなさい。

(2)　x の変域を，不等号を使って表しなさい。

得点UP

1　ともなって変わる2つの変数 x，y の関係が，**$y = ax$**（a は比例定数）の形で表せれば**比例**といえる。

4　(2) x の変域は，A町を**出発**してから B町に**到着**するまでの時間である。

比例のグラフ

1 次の問いに答えなさい。 (6点×6)

(1) 右の図で，点 A，B，C，D の座標を求めなさい。

(2) 右の図に，点 P(2，−4)，点 Q(4，0)を示しなさい。

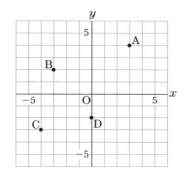

2 次の(1)〜(3)のグラフを，右の図にかきなさい。
(12点×3)

(1) $y=3x$

(2) $y=-x$

(3) $y=-\dfrac{x}{2}$

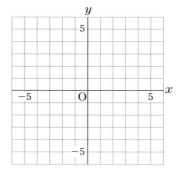

3 右の①，②は比例のグラフである。次の問いに答えなさい。 (7点×4)

(1) ①，②のそれぞれについて，y を x の式で表しなさい。

(2) x の値が 1 増加すると，y の値はそれぞれどのように変化するか答えなさい。

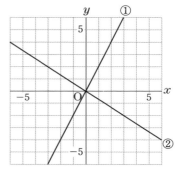

得点UP

2 原点ともう 1 つの点をとって，これらを通る直線をひく。

3 (1)$y=ax$ に通る点の x 座標，y 座標の値を代入し，a の値を求める。

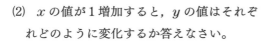

1 長さ24cm の針金を x 等分するとき，1 本の長さを y cm とする。次の問いに答えなさい。

((1)4点×5，(2)5点，(3)5点)

(1) x と y の関係を表した次の表を，完成させなさい。

x	1	2	3	4	5	6	…
y	24						…

(2) y を x の式で表しなさい。

(3) y は x に反比例するといえるか，答えなさい。

2 次の(1)，(2)について，y を x の式で表し，y が x に反比例することを示しなさい。また，その比例定数も答えなさい。

(20点×2)

(1) 18km の道のりを，時速 $x$km の速さで進むときにかかる時間は y 時間である。

(2) 底辺が $x$cm，高さが $y$cm の三角形の面積が14cm^2 である。

3 y は x に反比例し，$x=4$ のとき $y=-9$ である。次の問いに答えなさい。 (15点×2)

(1) y を x の式で表しなさい。

(2) $x=12$ のときの y の値を求めなさい。

得点UP

1 (3)ともなって変わる 2 つの変数 x，y の関係が，$y=\dfrac{a}{x}$ （aは比例定数）の形で表せれば**反比例**といえる。

反比例のグラフ

1 次の⑦〜㊤の式で表される x と y の関係のうち，グラフが双曲線であるものをすべて選び，記号で答えなさい。　　　　　　　　(20点)

⑦　$y = \dfrac{x}{3}$　　　　⑦　$y = \dfrac{3}{x}$　　　　⑨　$y = 3x + 1$　　　　㊤　$y = -\dfrac{5}{x}$

2 次の(1)，(2)のグラフを，右の図にかきなさい。　　(20点×2)

(1)　$y = \dfrac{6}{x}$

(2)　$y = -\dfrac{8}{x}$

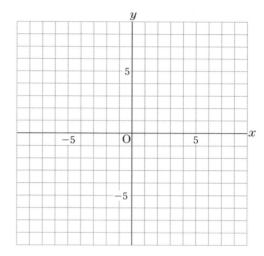

3 右の①，②は反比例のグラフである。それぞれ，y を x の式で表しなさい。(20点×2)

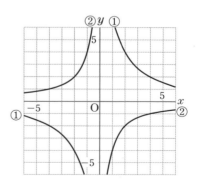

❸　$y = \dfrac{a}{x}$ に通る点の x 座標，y 座標の値を代入し，a の値を求める。

比例と反比例の利用

1 束になっている針金の重さをはかったら，450 g あった。同じ針金 3 m の重さをはかったら，54 g であった。これについて，次の問いに答えなさい。(15点×2)

(1) 針金 x m の重さを y g として，y を x の式で表しなさい。

(2) 束になっている針金の長さを求めなさい。

2 歯車 A と B がかみ合って回転している。歯車 A の歯の数は60で，毎秒 8 回転している。歯車 B の歯の数が40のとき，B は毎秒何回転しているか求めなさい。

(25点)

3 兄と弟が同時に家を出発し，家から800 m 離れた書店に，兄は分速80 m，弟は分速50 m で歩いて行く。

家を出発してから x 分間に歩いた道のりを y m とする。このとき，兄の歩くようすをグラフに表すと，右の図のようになる。次の問いに答えなさい。 ((1)20点, (2)25点)

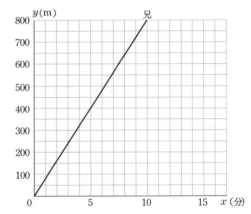

(1) 弟の歩くようすを，右の図にかきなさい。

(2) 兄が書店に着いたとき，弟は書店まであと何 m のところにいるか求めなさい。

得点UP

❶ 針金の重さは長さに**比例**する。
❷ 歯車 A と歯車 B の，**かみ合う歯の数は等しい。**

まとめテスト④

1 　次の(1)〜(3)について，y を x の式で表しなさい。また，y が x に比例するものと反比例するものをそれぞれ選びなさい。　(6点×5)

(1)　周の長さが20 cm の長方形の縦の長さを x cm，横の長さを y cm とする。

(2)　油1 L の値段を x 円とするとき，1000円で買える油の量を y L とする。

(3)　分速60 m の速さで x 分歩いたとき，進んだ道のりを y m とする。

2 　右の①〜④は，比例と反比例のグラフである。それぞれ，y を x の式で表しなさい。　(10点×4)

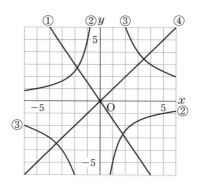

3 　右の図のような長方形 ABCD がある。点 P は辺 BC 上を B から C まで動くものとし，B から x cm 進んだときの三角形 ABP の面積を y cm² とする。次の問いに答えなさい。　(10点×3)

(1)　y を x の式で表しなさい。

(2)　x と y の変域をそれぞれ求めなさい。

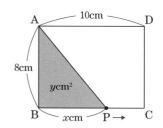

直線と角，垂直と平行

合格点：**78**点／100点

点

1 右の図について，次の □ にあてはまることばや文字を書きなさい。 (8点×2)

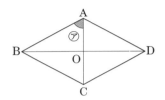

(1)　直線 ℓ は，M，N の文字を使って，□ と表すことができる。

(2)　直線 ℓ のうち，M から N までの部分を □ という。

2 右の図は，ひし形 ABCD に対角線をかき，その交点を O としたものである。次の問いに答えなさい。 (14点×3)

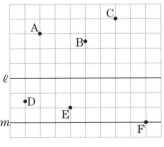

(1)　⑦の角を，角の記号と A，B，O の文字を使って表しなさい。

(2)　辺 AB と辺 DC が平行であることを，記号を使って表しなさい。

(3)　対角線 AC と対角線 BD が垂直であることを，記号を使って表しなさい。

3 右の図について，次の問いに答えなさい。 (14点×3)

(1)　点 A までの距離が最も長い点を答えなさい。

(2)　直線 ℓ までの距離が最も短い点を答えなさい。

(3)　方眼の 1 めもりを 1 cm としたとき，直線 ℓ と直線 m の距離を求めなさい。

得点UP

2　2直線が垂直に交わっているとき，一方を他方の**垂線**という。

3　(2)点から直線にひいた垂線の長さを，**点と直線の距離**という。

図形の移動

1 次の問いに答えなさい。　　　　(20点×3)

(1) 右の図の△ABC を，矢印 OP の方向に，
OP の長さだけ平行移動させてできる
△A'B'C' をかきなさい。

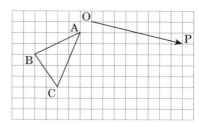

(2) 右の図の△DEF を，点 O を中心として
矢印の方向に90°回転移動させてできる
△D'E'F' をかきなさい。

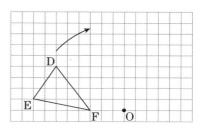

(3) 右の図の△GHI を，直線ℓを対称の軸
として対称移動させてできる△G'H'I' を
かきなさい。

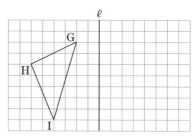

2 右の図は，合同な 8 つの四角形⑦～⑦を組み合わせたも
のである。次の問いに答えなさい。
　　　　　　　　　　　　　　　　　　　　(20点×2)

(1) 四角形⑦を対称移動させて重ね合わせることができ
る四角形をすべて答えなさい。

(2) 四角形④を 2 回の移動で四角形④と重ね合わせるに
は，どのような移動をすればよいか答えなさい。

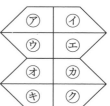

得点UP

1 図形を，一定の方向に一定の距離だけずらす移動を**平行移動**，1 つの点を中心として一定の角度だけ回転さ
せる移動を**回転移動**，1 つの直線を折りめとして折り返す移動を**対称移動**という。

作図(1)

1 右の図の△ABC で, 次の作図をし
なさい。 (15点×2)

(1) ∠C の二等分線

(2) 辺 BC を底辺とするときの高さ
AH

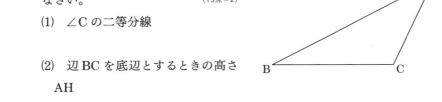

2 右の図の線分 AB の中点 M を, 作
図によって求めなさい。 (20点)

A ——————————— B

3 右の図の△ABC で, 辺 AC 上にあって,
辺 AB, BC までの距離が等しい点 P
を, 作図によって求めなさい。 (25点)

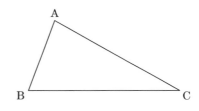

4 右の図の直線 ℓ 上にあって, 2 点 A, B
から等しい距離にある点 P を, 作図
によって求めなさい。 (25点)

・A

ℓ ————————————————

B ・

得点UP

❸ ∠ABC の 2 辺 AB, BC までの距離が等しい点は, ∠ABC の二等分線上にある。

❹ 2 点 A, B からの距離が等しい点は, 線分 AB の垂直二等分線上にある。

5　平面図形

作図(2)

1 正三角形の角を利用して，30°の大きさの角を作図しなさい。　　　(25点)

2 右の図の△DEF は，△ABC を対称移動させた
ものである。対称の軸を作図しなさい。　(25点)

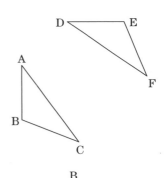

3 右の図の3点 A，B，C を通る円 O を作図しな
さい。　　　　　　　　　　　　　　　(25点)

4 右の図のように，直線 ℓ と2点 A，B がある。
直線 ℓ 上に点 P をとり，P と A，B をそれ
ぞれ結ぶとき，AP＋BP が最短になるよう
な点 P を，作図によって求めなさい。　(25点)

5 平面図形

円とおうぎ形

※以下の問題では，円周率をπとする。

1 次の □ にあてはまることばや記号を書きなさい。 (4点×5)

(1) 円周上の2点をA，Bとするとき，AからBまでの円周の部分を □ ABといい， □ と表す。

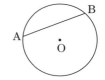

(2) 円周上の2点A，Bを結ぶ線分を □ ABという。

(3) 半径が3cmの円の周の長さは □ cm，面積は □ cm² である。

2 右の図のおうぎ形について，次の問いに答えなさい。 (10点×2)

(1) 弧の長さを求めなさい。

(2) 面積を求めなさい。

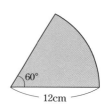

60°
12cm

3 半径が15cm，面積が90π cm² のおうぎ形について，次の問いに答えなさい。 (15点×2)

(1) 中心角の大きさを求めなさい。

(2) 弧の長さを求めなさい。

4 右の図は，半径16 cm で中心角90°のおうぎ形から，直径16 cm の半円を切り取ったものである。この図形について，次の問いに答えなさい。 (15点×2)

(1) 周の長さを求めなさい。

(2) 面積を求めなさい。

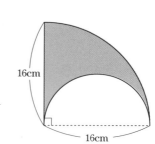

16cm

16cm

得点UP

2 弧の長さ $\ell = 2\pi r \times \dfrac{a}{360}$ 　面積 $S = \pi r^2 \times \dfrac{a}{360}$ （r：半径，a：中心角，π：円周率）

まとめテスト⑤

1 右の図の合同な三角形⑦～㋓について，次の
問いに答えなさい。　(8点×5)

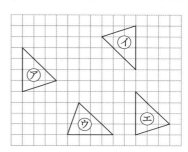

(1)　三角形⑦を，平行移動だけで重ね合わせ
ることのできる三角形を答えなさい。

(2)　三角形⑦を，回転移動だけで重ね合わせ
ることのできる三角形を答えなさい。また，
そのときの回転の中心 O をかきなさい。

(3)　三角形⑦を，対称移動だけで重ね合わせることのできる三角形を答えなさ
い。また，そのときの対称の軸ℓをかきなさい。

2 右の図の△ABC で，次の作図をしなさい。

(15点×2)

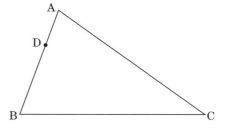

(1)　∠B の二等分線

(2)　頂点 C が点 D に重なるように折
るときの折りめの直線

3 右の図のおうぎ形について，次の問いに答えなさい。
ただし，円周率は π とする。

(15点×2)

(1)　弧の長さを求めなさい。

(2)　面積を求めなさい。

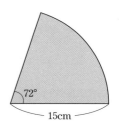

6 空間図形

いろいろな立体

点

合格点：80 点／100 点

1 次の図の立体について，下の問いに答えなさい。 (7点×10)

⑦ ⑦ ⑦ ⑦ ⑦

(1) それぞれの立体の名称を，次から選んで答えなさい。

円錐　　三角錐　　五角柱　　四角錐　　三角柱　　円柱　　四角柱

(2) 側面が曲面になっている立体をすべて選び，記号で答えなさい。

(3) ⑦の立体の面と辺の数を，それぞれ求めなさい。

(4) 多面体をすべて選び，記号で答えなさい。

(5) 五面体をすべて選び，記号で答えなさい。

2 右の図は，すべての面が合同な正三角形でできている立体である。次の問いに答えなさい。 (10点×3)

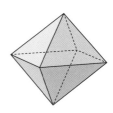

(1) この立体の名称を答えなさい。

(2) 面と辺の数を，それぞれ求めなさい。

 得点UP

2 すべての面が合同な正多角形で，どの頂点にも面が同じ数だけ集まり，へこみのない多面体を**正多面体**という。

空間内の直線や平面

合格点：**80** 点／100 点

点

1 次の □ にあてはまる数やことばを書きなさい。 (10点×3)

(1) 同じ直線上にない □ 点を通る平面は1つに決まる。

(2) 交わる2 □ をふくむ平面は1つに決まる。

(3) 平行な2直線をふくむ平面は □ つに決まる。

2 右の三角柱について，次にあてはまる辺や面をすべて答えなさい。 (10点×4)

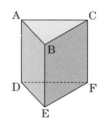

(1) 辺 AD と平行な辺

(2) 辺 AB とねじれの位置にある辺

(3) 面 ABC と平行な辺

(4) 面 ABC と垂直な面

3 空間で，1つの直線を ℓ，異なる3平面を P，Q，R とするとき，次のことがらで，正しいものには○を，正しくないものには×を書きなさい。 (10点×3)

(1) ℓ//P，ℓ//Q のとき，P//Q

(2) P⊥ℓ，Q⊥ℓ のとき，P//Q

(3) P⊥R，Q⊥R のとき，P⊥Q

得点UP

2 (2)平行でなく，交わらない2直線は**ねじれの位置にある**という。

3 成り立たない例が1つでもあれば，そのことがらは正しいとはいえない。

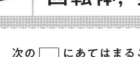

6 空間図形

回転体，投影図

点

合格点：**77** 点／100点

1 次の ☐ にあてはまることばを答えなさい。 (10点×2)

(1) 六角形を，その面に垂直な方向に一定の距離だけ平行に動かすと，

☐ ができる。

(2) 円柱や円錐のように，1つの直線を軸として，平面図形を1回転させてできる立体を ☐ という。

2 次の(1)〜(3)の図形を，それぞれ直線 ℓ を軸として1回転させたときにできる立体を，下の⑦〜⑦から選んで記号で答えなさい。 (12点×3)

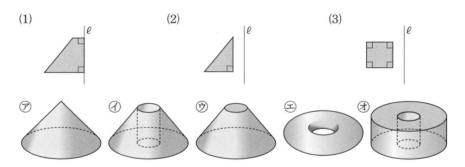

3 次の図は，ある立体の投影図である。それぞれ何という立体か答えなさい。 (11点×4)

(1) (2) 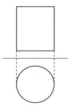 (3) 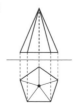 (4)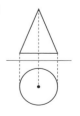

得点UP

2 平面図形を，1つの直線を軸として1回転させてできる立体の基本は，**円柱**と**円錐**である。

3 立体を正面から見た図を**立面図**，真上から見た図を**平面図**，立面図と平面図を組み合わせた図を**投影図**という。

6 空間図形

立体の体積

点

合格点：**80**点／100点

※以下の問題では，円周率をπとする。

1 次の角柱と円柱の体積を求めなさい。 (15点×2)

(1)

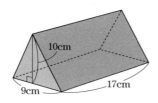

(2)

2 次の正四角錐と円錐の体積を求めなさい。 (15点×2)

(1)

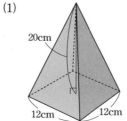

(2)

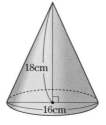

3 右の図の直角三角形 ABC を，次の(1)，(2)のように1回転させてできる立体の体積を求めなさい。 (20点×2)

(1) 辺 AB を軸として1回転させてできる立体

(2) 辺 BC を軸として1回転させてできる立体

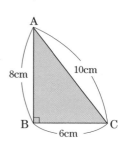

得点UP

1 角柱・円柱の体積 $V = Sh$　**2** 角錐・円錐の体積 $V = \dfrac{1}{3}Sh$　〔S：底面積，h：高さ〕

角柱・角錐の展開図と表面積

合格点: **80** 点／ 100 点

点

1 右の図は，三角柱と
その展開図である。
次の問いに答えなさ
い。 (15点×3)

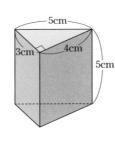
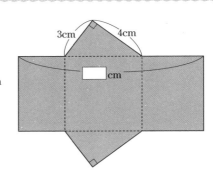

(1) 展開図の □ に
あてはまる数を求
めなさい。

(2) この三角柱の側面積を求めなさい。

(3) この三角柱の表面積を求めなさい。

2 右の図の正四角錐について，次の問いに答えなさい。 (20点×2)

(1) 側面積を求めなさい。

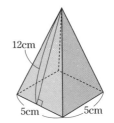

(2) 表面積を求めなさい。

3 下の図①のように，直方体の表面に，頂点 A から頂点 G まで，辺 BC と交わ
るようにしてひもをかける。ひもの長さを最も短くするには，どのようにかけ
ればよいか。このときのひものようすを，
図②の展開図にかき入れなさい。 (15点)

図①

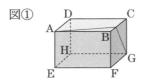

図②

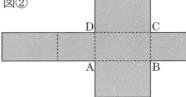

得点UP

1 (3)角柱の表面積＝側面積＋底面積×2

2 (2)角錐の表面積＝側面積＋底面積

6 空間図形

円柱・円錐の展開図と表面積

※以下の問題では，円周率をπとする。

1 右の図は，円柱とその展開図である。次の問いに答えなさい。 (10点×3)

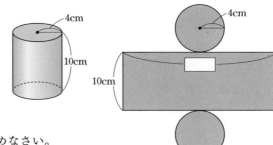

✐(1) 展開図の □ にあてはまる長さを求めなさい。

(2) この円柱の側面積を求めなさい。

(3) この円柱の表面積を求めなさい。

2 右の図は，円錐の展開図である。次の問いに答えなさい。 (10点×3)

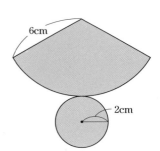

✐(1) 側面のおうぎ形の弧の長さを求めなさい。

(2) 側面のおうぎ形の中心角の大きさを求めなさい。

(3) この円錐の側面積を求めなさい。

3 次の図の円柱と円錐の表面積を求めなさい。 (20点×2)

(1)

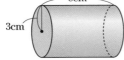

(2)

得点UP

1 (1)側面の長方形の横の長さは，底面の円周に等しい。

2 (1)側面のおうぎ形の弧の長さは，底面の円周に等しい。

球の体積・表面積

点

合格点：**80** 点／100 点

※以下の問題では，円周率をπとする。

1 次の □ にあてはまる数を書きなさい。 (10点×2)

(1) 半径2cmの球の体積は， □ π × □³ = □ (cm³)

(2) 半径2cmの球の表面積は， □ π × □² = □ (cm²)

2 右の図のように，直径12cmの球を，その中心を通る平面で半分に切ってできる半球について，次の問いに答えなさい。 (20点×2)

(1) 体積を求めなさい。

(2) 表面積を求めなさい。

3 右の図のように，底面の半径が3cm，高さが6cmの円柱と，その円柱にちょうど入る大きさの円錐と球がある。次の問いに答えなさい。 (20点×2)

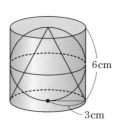

6cm

3cm

(1) 円柱，円錐，球の体積の比を最も簡単な整数の比で表しなさい。

(2) 円柱の側面積と球の表面積を比べなさい。

得点UP

❶ 半径 r の球の表面積を S，体積を V とすると，$S = 4\pi r^2$，$V = \dfrac{4}{3}\pi r^3$

まとめテスト⑥

1 右の図は立方体の展開図である。この展開図を
もとにして立方体を組み立てたとき，次の問い
に答えなさい。 　　　　　　　　　　　(8点×2)

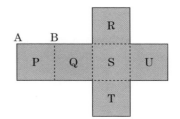

(1) 面 U と垂直になる面をすべて答えなさい。

(2) 辺 AB と平行になる面をすべて答えなさい。

2 次の三角柱と円錐の体積と表面積を求めなさい。ただし，円周率は π とする。

(1)　　　　　　　　　　　　　　　　(2) 　　　　　　　　　　　(12点×4)

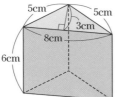

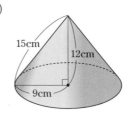

3 右の図の長方形 ABCD を，直線 ℓ を軸として 1 回転さ
せてできる立体について，次の問いに答えなさい。ただ
し，円周率は π とする。 　　　　　　　　　　　(12点×3)

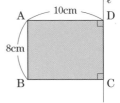

(1) 立体の見取図をかきなさい。

(2) 体積を求めなさい。

(3) 表面積を求めなさい。

データの分析(1)

1 右の表は，1年生男子40人の垂直とびの記録を調べ，度数分布表に整理したものである。次の問いに答えなさい。

((1)〜(3)8点×3，(4)(5)15点×2)

(1) 記録が20cmの生徒はどの階級に入るか。

(2) 階級の幅を答えなさい。

(3) 30cm以上40cm未満の階級の累積度数を答えなさい。

(4) 右の図にヒストグラムをかきなさい。

(5) (4)のヒストグラムをもとにして，右の図に度数折れ線をかきなさい。

垂直とびの記録

階級(cm)	度数(人)
以上 未満	
10〜20	6
20〜30	10
30〜40	14
40〜50	8
50〜60	2
合　計	40

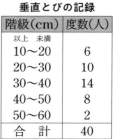

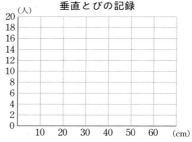

垂直とびの記録

2 右の表は，2つのグループA，Bの生徒の体重を調べ，度数分布表に整理したものである。次の問いに答えなさい。

((1)5点×6，(2)(3)8点×2)

(1) 右の表の⑦〜⑰にあてはまる数を答えなさい。

体重の記録

階級(kg)	度数(人)		相対度数		累積相対度数	
	A	B	A	B	A	B
以上 未満						
35〜40	6	2	0.12	0.10	0.12	0.10
40〜45	13	4	⑦	0.20	0.38	⑰
45〜50	18	8	⑦	0.40	⑰	⑰
50〜55	9	5	0.18	0.25	⑰	0.95
55〜60	4	1	0.08	0.05	1.00	1.00
合　計	50	20	1.00	1.00		

(2) Aグループの最頻値を求めなさい。

(3) 体重が50kg未満の生徒の割合は，どちらのグループが大きいといえるか。

得点UP

1 (3)最初の階級から，その階級までの度数の合計を**累積度数**という。

データの分析(2)

1 右の表は，1年生30人の通学時間を調べ，度数分布表に整理したものである。次の問いに答えなさい。((1)3点×8，(2)16点)

(1) 右の表の⑦〜⑦にあてはまる数を答えなさい。

(2) 平均値を求めなさい。

通学時間

階級(分)	階級値(分)	度数(人)	階級値×度数
以上 未満 0〜 5	2.5	2	5
5〜10	7.5	4	⑦
10〜15	⑦	10	⑦
15〜20	⑦	8	⑦
20〜25	⑦	6	⑦
合 計		30	⑦

2 次のデータは，生徒12人の計算テストの得点である。下の問いに答えなさい。
(15点×2)

> 5 9 3 7 6 4 9 10 2 5 8 7 (単位：点)

(1) 得点の範囲を求めなさい。

(2) 得点の中央値を求めなさい。

3 右の表は，ペットボトルのふたを投げて表が出た回数をまとめたものである。次の問いに答えなさい。(10点×3)

全体の回数	50	100	200	500
表の回数	21	44	91	232
表の相対度数	0.42	0.44	⑦	⑦

(1) 上の表の⑦，⑦にあてはまる相対度数をそれぞれ四捨五入して小数第2位まで求めなさい。

(2) 表になる場合と表以外になる場合ではどちらが出やすいといえるか。

得点UP

1 (2)平均値＝ $\dfrac{（階級値×度数）の合計}{度数の合計}$

まとめテスト⑦

1 右の表は，1年生男子50人のハンドボール投げの記録を調べ，度数分布表に整理したものである。次の問いに答えなさい。 (10点×7)

ハンドボール投げの記録

階級（m）	度数（人）
以上　未満	
10〜15	8
15〜20	15
20〜25	x
25〜30	10
30〜35	3
合　計	50

(1) 表の x の値を求めなさい。

(2) 記録が25m以上の生徒は全体の何％か。

(3) 20m以上25m未満の階級の累積相対度数を求めなさい。

(4) 中央値はどの階級に入るか。

(5) 最頻値を求めなさい。

(6) 右の図にヒストグラムをかきなさい。

(7) (6)のヒストグラムをもとにして，右の図に度数折れ線をかきなさい。

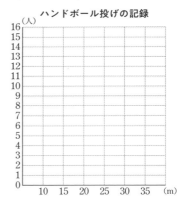

ハンドボール投げの記録

2 あるコインを投げて表が出た回数とその相対度数を調べたところ，投げる回数が増えると，表が出た相対度数は0.57に近づいた。次の問いに答えなさい。

(10点×3)

(1) 表と裏ではどちらが出やすいといえるか。

(2) このコインを3000回投げたとすると，表と裏はそれぞれ何回出ると考えられるか。

総復習テスト①

1 次の計算をしなさい。 (3点×4)

(1) $5-12+3$

(2) $2-(-9)-20$

(3) $2\times(-8)\times(-3)$

(4) $(-3)^2\div6\times(-14)$

2 504をできるだけ小さい数でわって，ある数の2乗にするにはどんな数でわれ ばよいか。 (4点)

3 次の数量を表す式を書きなさい。 (3点×2)

(1) 1枚50円のシールを x 枚と，1枚80円の色紙を y 枚買ったときの代金の合計

(2) 6冊 a 円のノートを b 冊買い，1000円出したときのおつり

4 次の計算をしなさい。 (4点×4)

(1) $6a+8-8a-7$

(2) $(-3x+4)-(2x+7)$

(3) $2(4a-3)-3(3a-2)$

(4) $(-8)\times\dfrac{2x-3}{4}$

5 次の方程式を解きなさい。(4)は，x の値を求めなさい。 (4点×4)

(1) $x+3=3x-7$

(2) $3(x-7)=6(3-x)-3$

(3) $\dfrac{2}{5}x+2=x+\dfrac{1}{2}$

(4) $8:5=56:x$

裏面へ

6 A 地点と B 地点の間を往復するのに，行きは時速 6 km，帰りは時速 4 km の速さで歩き，往復に 5 時間かかった。A 地点から B 地点までの距離を求めなさい。

(8点)

7 右の①は比例，②は反比例のグラフである。次の問いに答えなさい。 (3点×3)

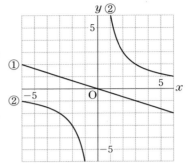

(1) ①，②のそれぞれについて，y を x の式で表しなさい。

(2) ①の直線上にあって，x 座標が −15 である点の座標を求めなさい。

8 右の図の△ABC で，2 点 A，B から等しい距離にあって，2 辺 AB，AC からも等しい距離にある点 P を，作図によって求めなさい。 (7点)

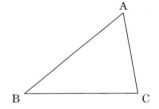

9 右の図は，正四角錐を底面に平行な面で切った立体である。次の(1)，(2)にあてはまる辺や面をすべて答えなさい。 (3点×2)

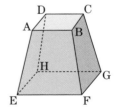

(1) 辺 AE とねじれの位置にある辺

(2) 辺 AB と平行な面

10 右の図の円柱の体積と表面積を求めなさい。ただし，円周率は π とする。 (8点×2)

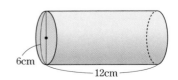

6cm 　 12cm

総復習テスト②

1 次の問いに答えなさい。 (5点×2)

(1) -2.5 より小さい数のうちで，最も大きい整数を答えなさい。

(2) 絶対値が 3 より小さい整数を，大きいほうから順に答えなさい。

2 次の計算をしなさい。 (5点×2)

(1) $\dfrac{3}{7} \times \left(-\dfrac{2}{3}\right) \div \dfrac{6}{7}$

(2) $(-2)^3 \div 4 - 3^2$

3 次の問いに答えなさい。 (5点×2)

(1) $a = -3$ のとき，$10a - 5 - 2(3a - 4)$ の値を求めなさい。

(2) 12km の道のりを，時速 4 km で x 時間歩いたら，残りの道のりは y km 以下だった。数量の間の関係を不等式で表しなさい。

4 次の計算をしなさい。 (5点×2

(1) $(5x - 15) \div \dfrac{5}{6}$

(2) $3(3x + 4) - 2(6x + 1)$

5 次の x についての方程式の解が〔 〕の中の値のとき，a の値を求めなさい。

(5点×2)

(1) $a - 3x = 8 - 5x$ 〔-3〕

(2) $\dfrac{1}{3}(x - a) = -\dfrac{2}{3}x$ 〔3〕

裏面へ

6 何人かの子どもにクッキーを配るのに，1人に9個ずつ配ると14個余り，1人に 11個ずつ配ると2個たりない。クッキーは何個あるか求めなさい。 (8点)

7 次の(1)，(2)について，y を x の式で表しなさい。 (5点×2)

(1) y は x に比例し，$x=6$ のとき $y=-3$

(2) y は x に反比例し，$x=-2$ のとき $y=7$

8 右の図の台形 ABCD を，直線 ℓ を軸として1回転させ てできる立体について，次の問いに答えなさい。 (8点×2)

(1) 立体の見取図をかきなさい。

(2) 体積を求めなさい。ただし，円周率は π とする。

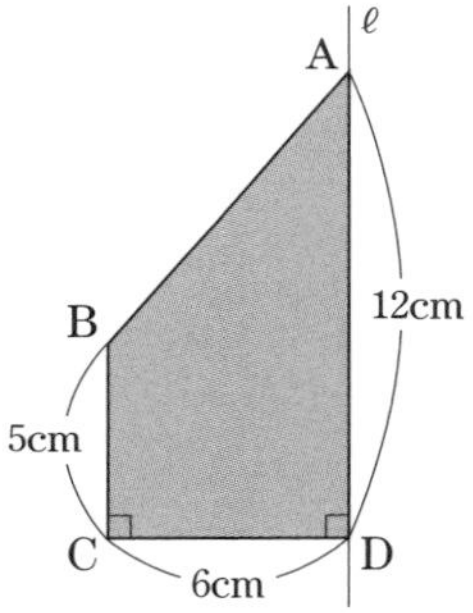

A ℓ
B
12cm
5cm
C
6cm
D

9 右の表は，1年生男子50人の握力を調べ，度数分布表に 整理したものである。次の問いに答えなさい。 (4点×4)

(1) 握力が25kgの生徒はどの階級に入るか。

(2) 30kg以上35kg未満の階級の累積度数を求めなさい。

(3) 握力が30kg未満の生徒は全体の何%か。

(4) 最頻値を求めなさい。

握力の記録

階級(kg)	度数(人)
以上　未満	
15〜20	6
20〜25	9
25〜30	14
30〜35	10
35〜40	7
40〜45	4
合　計	50

数学 中1　解答編　ANSWERS

No. 01　正負の数

❶ (1) -7　(2) $+10$　(3) $+\dfrac{2}{5}$　(4) -0.2

❷ (1) -500　(2) 8年前　(3) -4

❸ (1) A…-5.5　B…-2
　　 C…$+1$　　 D…$+4.5$

(2)

（解説）

❷ 反対の性質をもつ量は，**一方を正の数で表す**と，**他方は負の数で表せる。**

(1) 収入を正の数で表しているので，それと反対の性質をもつ支出は，**負の数**を使って表す。

(3) 平均点より低い点数は，**平均点との差**を求めて**負の数**で表す。

No. 02　絶対値と数の大小

❶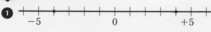

❷ (1) 6　　(2) 9　　(3) 4.7　　(4) $\dfrac{2}{9}$

❸ (1) -5, $+5$
　　(2) -2, -1, 0, $+1$, $+2$

❹ (1) $+6>-10$　　　(2) $-20<-18$
　　(3) $-0.9>-1.2$　　(4) $-\dfrac{2}{7}>-\dfrac{2}{5}$
　　(5) $-1<0<+0.5$　(6) $-14<-7<+9$

（解説）

❶ 絶対値が4になる数は，**原点からの距離が4**の点で，-4と$+4$の2つある。

❸(2) 絶対値が2.5より小さい整数は，絶対値が 2, 1, 0 になる数である。

❹（負の数）$<0<$（正の数）

負の数は，**絶対値が大きいほど小さい**ことに注意する。

(5) $-1<+0.5>0$ としてはいけない。
　　不等号の向きは一方にそろえる。

No. 03　加法

❶ (1) $+14$　(2) -12　(3) -9　(4) 0
　　(5) -15　(6) -6　(7) $+8$　(8) -7
　　(9) -8　(10) $+12$

❷ (1) $+1.1$　(2) -0.8　(3) -1　(4) $+\dfrac{1}{3}$

❸ (1) -4　　(2) $+3$

（解説）

同符号の2数の和➡絶対値の和に共通の符号をつける。

異符号の2数の和➡絶対値の差に，絶対値の大きいほうの符号をつける。

❶(6) $(-14)+(+8)=-(14-8)=-6$

❸ 正の数の和，負の数の和を別々に求める。

(2) $(-7)+(+6)+(-8)+(+12)$
　$=\{(+6)+(+12)\}+\{(-7)+(-8)\}$
　$=(+18)+(-15)=+3$

No. 04　減法

❶ (1) -3　(2) $+17$　(3) -19　(4) $+7$
　　(5) -18　(6) -8　(7) $+27$　(8) -8
　　(9) -4　(10) $+18$

❷ (1) -1.2　(2) -2.4　(3) $-\dfrac{5}{4}$　(4) $+\dfrac{1}{3}$

❸ A…-7(点)，D…$+12$(点)

（解説）

減法は，**ひく数の符号を変えて加法にする。**

❶(1) $(+4)-(+7)=(+4)+(-7)=-3$
　　(4) $(-8)-(-15)=(-8)+(+15)=+7$

❸ 基準のBの得点との差を求めればよい。
A…$(-11)-(-4)=(-11)+(+4)=-7$
D…$(+8)-(-4)=(+8)+(+4)=+12$

No. 05　加減の混じった計算(1)

❶ (1) 正の項…$+6$　負の項…-3, -4
　　(2) 正の項…$+3$, $+9$　負の項…-2, -4

ANSWERS

② (1) $8+5-9$　　　(2) $-6+4-2$

③ (1) -5　(2) -1　(3) 2　(4) -9

　　(5) -12　(6) 5　(7) -7　(8) -16

　　(9) 3　(10) -8

解説

① **加法だけの式**になおして考える。

(2) $3-2+9-4$

$=(\underline{+3})+(\underline{-2})+(\underline{+9})+(\underline{-4})$

正の項　負の項　正の項　負の項

③ 正の項の和，負の項の和を先に求める。

(5) $2-12-6+4=2+4-12-6$

$=6-18=-12$

No. 06　加減の混じった計算(2)

① (1) -15　(2) 3　(3) -2　(4) -18

　　(5) -1　(6) 27　(7) 9　(8) 14

　　(9) -7　(10) -4

② (1) 0.8　(2) -9.1　(3) $-\dfrac{11}{15}$　(4) $\dfrac{5}{8}$

解説

まず，**かっこのない式**にしてから計算する。

①(5) $6-18-(-8)+3=6-18+8+3$

$=6+8+3-18=17-18=-1$

②(4) $\dfrac{5}{12}-\left(-\dfrac{3}{8}\right)+\left(-\dfrac{1}{6}\right)=\dfrac{5}{12}+\dfrac{3}{8}-\dfrac{1}{6}$

$=\dfrac{10}{24}+\dfrac{9}{24}-\dfrac{4}{24}=\dfrac{15}{24}=\dfrac{5}{8}$

No. 07　乗法(1)

① (1) 28　(2) -56　(3) 27　(4) -54

　　(5) -18　(6) 35　(7) -40　(8) 81

　　(9) -32　(10) -49　(11) 28　(12) -52

　　(13) -64　(14) 96　(15) 0　(16) 0

② (1) $+1$との積…7，-1との積…-7

　　(2) $+1$との積…-7，-1との積…7

解説

① **同符号の2数の積➡絶対値の積に正の符号＋**

をつける(正の符号＋は省略してもよい)。

異符号の2数の積➡絶対値の積に負の符号－

をつける。

(2) $(-8)\times(+7)=-(8\times7)=-56$

(3) $(-9)\times(-3)=+(9\times3)=27$

② ある数と-1との積は，その数の**符号を変え
た数**と同じである。

No. 08　乗法(2)

① (1) -48　(2) -42　(3) 900　(4) -420

② (1) -0.63　(2) 0.6　(3) $-\dfrac{1}{10}$　(4) $-\dfrac{1}{3}$

③ (1) 9^3　　(2) $(-5)^2$

④ (1) 16　　(2) -25　(3) -144　(4) -8

解説

① 3数以上の積の符号は，負の数が**偶数個なら
＋，奇数個なら－**になる。

(2) $(-3)\times(-2)\times(-7)=-(3\times2\times7)=-42$

(3) $15\times(-4)\times(-3)\times5=+(15\times4\times3\times5)=900$

④(1) $(-2)^4=(-2)\times(-2)\times(-2)\times(-2)$

$=+(2\times2\times2\times2)=16$

(3) $(-4^2)\times(-3)^2=-(4\times4)\times(-3)\times(-3)$

$=-16\times9=-144$

No. 09　除法

① (1) 4　(2) -7　(3) 8　(4) -14

　　(5) 13　(6) -16　(7) 13　(8) 0

② (1) $\dfrac{1}{6}$　(2) -1　(3) $-\dfrac{8}{5}$　(4) 5

③ (1) $-\dfrac{5}{12}$　(2) 28　(3) $-\dfrac{8}{9}$　(4) $-\dfrac{8}{21}$

　　(5) $\dfrac{8}{9}$　(6) $-\dfrac{4}{3}$

解説

① **同符号の2数の商➡絶対値の商に正の符号＋**

をつける(正の符号＋は省略してもよい)。

異符号の2数の商➡絶対値の商に負の符号－

をつける。

②(1) 整数は，分母が1の分数と考える。

(4) 小数は，分数になおして考える。

$0.2=\dfrac{2}{10}=\dfrac{1}{5}$ → 逆数は5

③ わる数の**逆数**をかける乗法になおす。

(1) $\left(-\dfrac{5}{6}\right)\div2=\left(-\dfrac{5}{6}\right)\times\dfrac{1}{2}=-\dfrac{5}{12}$

No. 10 乗除の混じった計算

❶ (1) -36 (2) -6 (3) 21 (4) $\dfrac{7}{3}$

   (5) $-\dfrac{6}{7}$ (6) $-\dfrac{14}{15}$

❷ (1) $-\dfrac{2}{5}$ (2) 30 (3) $-\dfrac{7}{3}$ (4) $\dfrac{2}{3}$

   (5) $\dfrac{1}{2}$ (6) -8

❸ (1) 4 (2) -8

(解説)

❶ 除法は，わる数の逆数をかけて，**乗法だけの式**になおして計算する。

   (4) $(-14) \div (-12) \times 2 = (-14) \times \left(-\dfrac{1}{12}\right) \times 2$

   $= \dfrac{7}{3}$

❸ 累乗の部分を先に計算する。

   (2) $(-2^4) \div (-6)^2 \times 18 = -16 \div 36 \times 18$

   $= -8$

No. 11 四則の混じった計算

❶ (1) 27 (2) -21 (3) -8 (4) 1

   (5) -19 (6) 5 (7) -4 (8) 56

❷ (1) -2 (2) 17 (3) -1200 (4) -38

❸

	加法	減法	乗法	除法
自然数	○	×	○	×
整数	○	○	○	×
数	○	○	○	○

(解説)

❶ ①( )の中・累乗，②乗法・除法，③加法・減法の順に計算する。

   (1) $9 - (-6) \times 3 = 9 - (-18) = 9 + 18 = 27$

   (5) $7 \times (6-11) - (-16) = 7 \times (-5) + 16$

   $= (-35) + 16 = -19$

   (6) $-9 - (8 - 6^2) \div 2 = -9 - (8-36) \div 2$

   $= -9 - (-28) \div 2 = -9 - (-14)$

   $= -9 + 14 = 5$

❷ $\overparen{(a+b)} \times c = a \times c + b \times c$

$\overparen{c \times (a+b)} = c \times a + c \times b$

   (1) $\left(\dfrac{1}{2} - \dfrac{2}{3}\right) \times 12 = \dfrac{1}{2} \times 12 - \dfrac{2}{3} \times 12$

   $= 6 - 8 = -2$

   (3) $65 \times (-12) + 35 \times (-12) = (65 + 35) \times (-12)$

   $= 100 \times (-12) = -1200$

No. 12 素数

❶ ⑦, ⑤

❷ (1) $2^2 \times 5$ (2) 2×3^3

   (3) $2^2 \times 7^2$ (4) $2 \times 5^2 \times 7$

❸ (1) 21 (2) 15

❹ (1) 60 (2) 2100

(解説)

❶ 1とその数のほかに約数がない自然数が**素数**である。1は素数ではないことに注意する。

❸ (2) 素因数分解すると，$240 = 2^4 \times 3 \times 5$

   だから，$3 \times 5 = 15$ をかけると，

   $2^4 \times 3^2 \times 5^2 = (2^2 \times 3 \times 5)^2 = 60^2$

❹ (1) 最大公約数は，以下のように求められる。

   $2^2 \times 3 \times 5 = 60$

   (2) 最小公倍数は，以下のように求められる。

$$300 = 2^2 \times 3 \times 5 \times 5$$
$$\underline{420 = 2^2 \times 3 \times 5 \quad \times 7}$$
$$2^2 \times 3 \times 5 \times 5 \times 7 = 2100$$

No. 13 まとめテスト①

❶ (1) $6 > -8$ (2) $-\dfrac{5}{6} < -\dfrac{5}{7} < 0$

❷ (1) -2 (2) 9 (3) -32 (4) 30

   (5) -18 (6) $\dfrac{4}{5}$ (7) 7 (8) 0

❸ (1) $2^2 \times 5^2$ (2) $2 \times 3 \times 7^2$

❹ (1) 正しい

   (2) (例) $(-2) \times (-3) = 6$

(解説)

❹ (2) (負の整数)×(負の整数)は，自然数になる。

No. 14 文字を使った式, 積・商の表し方

❶ (1) $(a \times 8)$円   (2) $(x \div 3)$cm

   (3) $(a \times 10 + b)$g   (4) $(x \times y \div 2)\,\mathrm{cm}^2$

   (5) $(128 - a \times b)$ページ

❷ (1) $9mn$ (2) $-xy$ (3) $0.1(x+8)$

(4) $3x^3$ (5) $-2a^2b$ (6) $\dfrac{x}{8}$

(7) $-\dfrac{3}{y}$ (8) $-\dfrac{b-4}{5}$

❸ (1) $4 \times a \times b \times b$ (2) $(x+y) \div 2$

（解説）

❶(2) 正三角形の1辺の長さ＝周の長さ÷3

❷(1) 記号×をはぶき，数を文字の前に書く。

(2) 数字の1ははぶく。

(3) （ ）のついた式をひとまとまりとみて，1つの文字のように扱う。

(4) 同じ文字の積は，累乗の指数を使って表す。

(6) 記号÷は使わないで，分数の形で書く。
$\dfrac{1}{8}x$ と書いてもよい。

No. **15** 乗除の混じった式

❶ (1) $\dfrac{xy}{3}$ (2) $\dfrac{a}{2b}$ (3) $\dfrac{6m}{n}$

(4) $-\dfrac{4}{7y}$ (5) $\dfrac{7(a+b)}{c}$ (6) $\dfrac{x+y}{z}$

(7) $\dfrac{x^2y}{8}$ (8) $-\dfrac{3m^2}{n}$

❷ (1) $10-5x$ (2) $7xy+3$ (3) $0.1a+\dfrac{5}{b}$

(4) $\dfrac{4}{x}+\dfrac{y}{3}$ (5) $8-\dfrac{x-y}{2}$ (6) $6y^2+y$

❸ (1) $2 \times b \div 7$ (2) $3 \times a \times a \div b$

(3) $8 \times x - 5 \times y$ (4) $5 \times (x+y) + z \div 2$

（解説）

❶ 左から順に，×や÷をはぶいていく。

(1) $x \times y \div 3 = xy \div 3 = \dfrac{xy}{3}$

(5) $(a+b) \times 7 \div c = 7(a+b) \div c$
$= \dfrac{7(a+b)}{c}$

❷ ＋，－の記号ははぶけない。

(3) $a \times 0.1 + 5 \div b = 0.1a + \dfrac{5}{b}$

No. **16** 数量の表し方

❶ (1) $8ak$g   (2) 時速 $\dfrac{x}{2}$ km $\left(\dfrac{x}{2}$km／h$\right)$

(3) $\left(\dfrac{10}{x}+\dfrac{10}{y}\right)$ 時間   (4) $10a+3$

(5) $(100x-20y)$cm   (6) $\dfrac{a}{20}$m^2

(7) $\dfrac{4}{5}y$円

❷ (1) 円周の長さ   (2) 面積

（解説）

❶(4) 十の位の数が a，一の位の数が b の2けたの自然数は，$10a+b$ と表せる。

（参考）(5)は$(x-0.2y)$m, (6)は$0.05a$ m^2,
(7)は$0.8y$ 円 でも正解。

❷(1) $2\pi r = 2r \times \pi$＝直径×円周率

(2) $\pi r^2 = r \times r \times \pi$＝半径×半径×円周率

No. **17** 式の値

❶ (1) 21   (2) -4 (3) -4 (4) -3

❷ (1) -8 (2) 28   (3) 25   (4) -1

❸ (1) 11   (2) -2

❹ (1) 10   (2) -1

（解説）

❶ はぶかれている×の記号をおぎなってから代入する。

(1) $8x+5 = 8 \times x + 5 = 8 \times 2 + 5 = 16 + 5 = 21$

(3) $-x^2 = -(x \times x) = -(2 \times 2) = -4$

❷ 負の数は，ふつう（ ）をつけて代入する。

(1) $3x+7 = 3 \times (-5) + 7 = -15 + 7 = -8$

(3) $(-x)^2 = \{-(-5)\}^2 = 5^2 = 25$

❹ (2) $-3a + \dfrac{1}{2}b^2 = -3 \times 1 + \dfrac{1}{2} \times (-2)^2$
$= -3 + 2 = -1$

No. **18** 項と係数

❶ (1) 項…$2x$，$-y$
係数…x の係数は 2，y の係数は-1

(2) 項…$-9a$，$-\dfrac{b}{2}$
係数…a の係数は-9，b の係数は$-\dfrac{1}{2}$

❷ (1) $-2a$ (2) $-11x$ (3) $-11a$

(4) $3y$ (5) $-0.8a$ (6) $-\dfrac{3}{14}x$

❸ (1) $7x+2$ (2) $-y+3$ (3) $6a+5$

(4) $-4x+3$ (5) $-3y-5$ (6) $a-12$

(7) $-1.4a+0.2$ (8) $\dfrac{4}{5}x-1$

【解説】

❷ $mx+nx=(m+n)x$ を利用する。

　(1) $4a-6a=(4-6)a=-2a$

❸ 文字の項どうし、数の項どうしをそれぞれまとめて計算する。

　(3) $9a-2-3a+7$
　　$=9a-3a-2+7=6a+5$

No.19　1次式の加減

❶ (1) $7a-2$　　(2) $x-5$　　(3) $8x-6$

　(4) $5x$　　(5) -8　　(6) $-\dfrac{1}{6}x-\dfrac{3}{5}$

❷ (1) $7a-3$　　(2) $2x+7$　　(3) $x-10$

　(4) $4x-2$　　(5) $4a-5$　　(6) $\dfrac{3}{10}x-\dfrac{8}{15}$

❸ (1) たす…$9x+2$，ひく…$x-8$

　(2) たす…$-4a$，ひく…$-14a+8$

【解説】

❶ ＋（　）は，そのままかっこをはずす。

　(3) $(2x-4)+(6x-2)$
　　$=2x-4+6x-2=8x-6$

❷ －（　）は，かっこの中の**各項の符号を変えて**，かっこをはずす。

　(4) $(8x-7)-(4x-5)$
　　$=8x-7-4x\underset{\uparrow \text{符号に注意}}{+5}=4x-2$

❸ 式に（　）をつけて＋，－でつなぎ，（　）をはずして計算する。

No.20　1次式と数の乗除

❶ (1) $18a$　　(2) $-35x$　　(3) $6b$

　(4) $6y$　　(5) $-9x$　　(6) a

❷ (1) $6a+12$　　(2) $8y-20$　　(3) $-6x-42$

　(4) $-24b+72$　　(5) $3x+18$　　(6) $-6a+10$

❸ (1) $3x+4$　　(2) $-2a-3$　　(3) $-b+4$

　(4) $2y+4$

【解説】

❶ 乗法は，**数どうしの積を求め**，それに文字をかける。除法は，分数の形にして，**数どうしで約分**する。

　(1) $3a\times6=3\times6\times a=18a$

　(2) $(-5x)\times7=(-5)\times7\times x=-35x$

　(4) $48y\div8=\dfrac{48y}{8}=6y$

❷ **分配法則**を使って，かっこをはずす。

　(3) $-6(x+7)=(-6)\times x+(-6)\times7$
　　$=-6x-42$

　(5) $9\left(\dfrac{1}{3}x+2\right)=9\times\dfrac{1}{3}x+9\times2=3x+18$

❸ 除法を乗法になおしてから計算する。

　(1) $(9x+12)\div3=(9x+12)\times\dfrac{1}{3}$
　　$=9x\times\dfrac{1}{3}+12\times\dfrac{1}{3}=3x+4$

No.21　いろいろな計算

❶ (1) $6x+9$　　(2) $-9x+6$

❷ (1) $7a-6$　　(2) $x-10$　　(3) $7x-6$

　(4) $8a+6$　　(5) $-3x+7$　　(6) $-3a-19$

　(7) 4　　(8) $-15x$

❸ (1) $4x+1$　　(2) $-3a+4$

【解説】

❶ まず，分母とかける数とで**約分する**。

　(1) $\dfrac{2x+3}{4}\times12=(2x+3)\times3=6x+9$

❷ **分配法則**を使って（　）をはずし，まとめる。

　(4) $2(a-3)+6(a+2)$
　　$=2a-6+6a+12=8a+6$

❸ (2) $\dfrac{1}{2}(6a-10)-\dfrac{3}{4}(8a-12)$
　　$=3a-5-6a+9=-3a+4$

No.22　関係を表す式

❶ (1) $3x-4=x+12$　　(2) $1000-5a=b$

　(3) $75-6a=b$

❷ (1) $120x+150y<1000$　　(2) $\dfrac{7}{10}a\geqq b$

　(3) $\dfrac{x}{120}<y$

❸ (1) $S=\dfrac{(a+b)h}{2}$　　(2) $S=\pi r^2$

❹ (1) おとな1人の入館料と子ども1人の入館料の合計は，2000円。

　(2) おとな3人の入館料は，子ども4人の入館料より高い。

(3) おとな 3 人の入館料と子ども 4 人の入館料の合計は，7000円以下。

解説

❷(2) 定価の p 割引きの値段は，

定価$\times\left(1-\dfrac{p}{10}\right)$（円）

No.23 まとめテスト②

❶ (1) -4　　　　(2) -32

❷ (1) $-4x$　　　　(2) $4a-12$

　 (3) $6a-1$　　　　(4) $-9x+5$

❸ (1) $-18x$　　　　(2) $-12a+28$

　 (3) $-4a+9$　　　　(4) $-6x+15$

　 (5) $11x-3$　　　　(6) $-12x$

❹ (1) $8x+6y=12$　　(2) $3-\dfrac{a}{5}\leqq b$

解説

❹(2) 単位を m にそろえて不等式で表す。

切り取ったテープの長さの合計は，

$\dfrac{a}{100}\times20=\dfrac{a}{5}$（m）

別解 単位を cm にそろえると，

$300-20a\leqq100b$

No.24 方程式とその解

❶ (1) 2　　　(2) 3

❷ ⑦

❸ (1) ② （または①）　(2) ④ （または③）

　 (3) ③ （または④）　(4) ① （または②）

❹ (1) $x=-1$　　　　(2) $x=18$

　 (3) $x=-7$　　　　(4) $x=-4$

解説

❶ 式の x に 1，2，3 をそれぞれ代入し，**左辺＝右辺**が成り立つかどうか調べる。

❷ ⑦　左辺＝4＋2＝6　┐
　　　右辺＝3×4－6＝6　┘─ 等しい

❸(1) 両辺から 6 をひく。　➡ 性質②

　(2) 両辺を－3 でわる。　➡ 性質④

　(3) 両辺に 5 をかける。　➡ 性質③

　(4) 両辺に 7 をたす。　➡ 性質①

No.25 方程式の解き方(1)

❶ (1) $x=-4$　　(2) $x=6$　　(3) $x=8$

　 (4) $x=-16$

❷ (1) $x=4$　　(2) $x=-3$　　(3) $x=5$

　 (4) $x=-2$　(5) $x=-2$　　(6) $x=4$

　 (7) $x=-\dfrac{3}{2}$　(8) $x=2$　　(9) $x=-8$

　 (10) $x=-\dfrac{5}{3}$

解説

❷ まず，数の項は右辺に，x をふくむ項は左辺に移項する。

　(1) $2x+7=15$，$2x=15-7$，$2x=8$，
　　　$x=4$

　(5) $7x=5x-4$，$7x-5x=-4$，
　　　$2x=-4$，$x=-2$

No.26 方程式の解き方(2)

❶ (1) $x=9$　　(2) $x=2$　　(3) $x=-\dfrac{5}{4}$

　 (4) $x=-5$　(5) $x=-3$　　(6) $x=\dfrac{4}{3}$

❷ (1) $x=5$　　(2) $x=-2$　　(3) $x=3$

　 (4) $x=4$　(5) $x=-\dfrac{2}{3}$　(6) $x=2$

　 (7) $x=-\dfrac{1}{2}$　(8) $x=0$

解説

❶(1) $3x-45=-2x$，$3x+2x=45$，
　　　$5x=45$，$x=9$

❷(4) $3x+7=8x-13$，$3x-8x=-13-7$，
　　　$-5x=-20$，$x=4$

No.27 いろいろな方程式

❶ (1) $x=5$　　　　(2) $x=-5$

　 (3) $x=3$　　　　(4) $x=6$

❷ (1) $x=9$　　　　(2) $x=-2$

　 (3) $x=11$　　　(4) $x=-4$

❸ (1) $x=8$　　　　(2) $x=-5$

　 (3) $x=6$　　　　(4) $x=-6$

ANSWERS

1 まず，（ ）をはずして，移項・整理する。

(4) $2x-5(x+2)=4(5-2x)$,
$2x-5x-10=20-8x$,
$2x-5x+8x=20+10$, $5x=30$, $x=6$

2 x の係数を整数にするために，両辺に**10や100をかける**。

(2) $-0.2x+0.8=0.4x+2$,
$(-0.2x+0.8)\times10=(0.4x+2)\times10$,
$-2x+8=4x+20$, $-6x=12$, $x=-2$

3 両辺に分母の最小公倍数をかけて，**分母をはらう**。

(3) $\dfrac{x}{3}+2=\dfrac{3x-2}{4}$,
$\left(\dfrac{x}{3}+2\right)\times12=\dfrac{3x-2}{4}\times12$,
$\dfrac{x}{3}\times12+2\times12=\dfrac{(3x-2)\times12}{4}$
$4x+24=(3x-2)\times3$,
$4x+24=9x-6$, $-5x=-30$, $x=6$

No. 28 1次方程式の利用(1)

1 (1) $(10-x)$個
(2) $60x+150(10-x)=960$
(3) みかん…6 個，りんご…4 個

2 姉…115cm, 妹…75cm

3 5 年前

4 子ども…28人，画用紙…110枚

2 妹のテープの長さを x cm とすると，姉のテープの長さは，$(x+40)$cm だから，
$x+(x+40)=190$
これを解くと，$x=75$ だから，姉のテープの長さは，$75+40=115$(cm)

3 現在から x 年前に 5 倍であったとすると，
$40-x=5(12-x)$

4 子どもの人数を x 人として，画用紙の枚数を**2 通りの式**に表して方程式をつくる。
$3x+26=5x-30$
これを解くと，$x=28$ だから，画用紙の枚数は，$3\times28+26=110$(枚)

No. 29 1次方程式の利用(2)

1 6 分後

2 48km

3 -3

4 (1) $a=18$ (2) $a=-3$

1 兄が家を出発してから x 分後に追いつくとすると，弟の歩いた時間は，$(12+x)$分で，**2 人の進んだ道のりは等しい**から，
$240x=80(12+x)$

2 A，B 間の距離を x km とすると，時間の関係から，
$\dfrac{x}{20}+\dfrac{x}{30}=4$

3 方程式は，$8x+9=5x$

4 方程式に解を代入し，a についての方程式を解く。
(2) $8\times(-6)+21=4\times(-6)+a$,
$-48+21=-24+a$, $-a=3$, $a=-3$

No. 30 比例式

1 (1) $x=6$ (2) $x=12$ (3) $x=20$
(4) $x=18$ (5) $x=8$ (6) $x=30$
(7) $x=25$ (8) $x=20$

2 160g

3 240cm

1 (8) $21:(x-8)=35:x$, $21x=35(x-8)$,
$21x=35x-280$, $-14x=-280$, $x=20$

2 バターを xg 混ぜるとすると，
$x:400=60:150$, $150x=60\times400$,
$x=160$

3 姉のリボンの長さを $x$cm とすると，
$400:x=(3+2):3$, $400:x=5:3$,
$400\times3=5x$, $x=240$

No. 31 まとめテスト③

1 (1) $x=12$ (2) $x=-2$ (3) $x=-4$
(4) $x=\dfrac{3}{2}$ (5) $x=0$ (6) $x=3$

ANSWERS

(7) $x=-13$　　　(8) $x=5$

❷ (1) $x=28$　　(2) $x=15$

❸ $a=-5$

❹ 8本

解説

❹ 移した本数を x 本とすると，
$$50-x=2(13+x)$$

No.
32 比例

❶ (1) $y=60x$，比例定数…60

　(2) $y=5x$，比例定数…5

❷ ⊘，⑦

❸ (1) $y=-3x$　　　(2) $y=18$

❹ (1) $y=12x$　　　(2) $0≦x≦4$

解説

❶ (2) $y=10×x÷2 → y=5x$

❸ (1) $y=ax$ とおき，$x=3$，$y=-9$ を代入して，$-9=a×3$，$a=-3$
したがって，式は，$y=-3x$

❹ (1) 距離＝速さ×時間 だから，$y=12x$

　(2) A町からB町までかかる時間は，
$48÷12=4$(時間)だから，x の変域は，
$0≦x≦4$

No.
33 比例のグラフ

❶ (1) A$(3, 4)$

　　B$(-3, 2)$

　　C$(-4, -3)$

　　D$(0, -2)$

　(2) 右図

❷ 右図

❸ (1) ① $y=2x$

　　② $y=-\dfrac{2}{3}x$

　(2) ① 2増加する。

　　② $\dfrac{2}{3}$減少する。

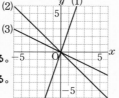

解説

❷ (2) 例えば，$x=5$ のとき，$y=-5$ だから，原点と点$(5, -5)$を通る直線をひく。

　(3) 例えば，$x=2$ のとき，$y=-\dfrac{2}{2}=-1$ だから，原点と点$(2, -1)$を通る直線をひく。

❸ (1)① グラフは，点$(1, 2)$を通るから，
$y=ax$ に，$x=1$，$y=2$ を代入して，
$2=a×1$，$a=2$
したがって，式は，$y=2x$

　(2) $y=ax$ で，x の値が1増加すると，y の値は a だけ増加する。

No.
34 反比例

❶ (1) (左から)12, 8, 6, 4.8, 4

　(2) $y=\dfrac{24}{x}$　　　(3) 反比例するといえる

❷ (1) $y=\dfrac{18}{x}$，比例定数…18

　(2) $y=\dfrac{28}{x}$，比例定数…28

❸ (1) $y=-\dfrac{36}{x}$　　　(2) $y=-3$

解説

❷ (2) 三角形の面積＝底辺×高さ÷2 より，
$14=x×y÷2$，$28=xy$，$y=\dfrac{28}{x}$

❸ (1) $y=\dfrac{a}{x}$ とおき，$x=4$，$y=-9$ を代入して，$-9=\dfrac{a}{4}$，$a=-36$
したがって，式は，$y=-\dfrac{36}{x}$

No.
35 反比例のグラフ

❶ ⊘，⑤

❷ 右図

❸ ① $y=\dfrac{8}{x}$

　② $y=-\dfrac{4}{x}$

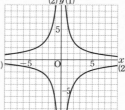

1 反比例の関係 $y=\dfrac{a}{x}$ のグラフは，双曲線になる。

2 なるべく多くの点をとって曲線をかく。グラフは，座標軸と交わらないことに注意。

3 ① グラフは，点(2，4)を通るから，

$y=\dfrac{a}{x}$ に，$x=2$，$y=4$ を代入して，

$4=\dfrac{a}{2}$，$a=8$ したがって，式は，$y=\dfrac{8}{x}$

No. 36 比例と反比例の利用

1 (1) $y=18x$

(2) **25m**

2 12回転

3 (1) 右図

(2) **300m**

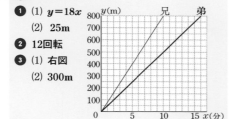

解説

2 歯車 A が 1 秒間にBとかみ合う歯の数は，

$60×8=480$

歯車Bが 1 秒間にAとかみ合う歯の数はAと等しいので，Bの歯の数が x で，毎秒 y 回転するとして，y を x の式で表すと，

$xy=480$ ➡ $y=\dfrac{480}{x}$

これに，$x=40$ を代入して，

$y=\dfrac{480}{40}=12$(回転)

3(1) **道のり＝速さ×時間** より，$y=50x$ のグラフをかく。

(2) グラフから，兄が書店に着いた $x=10$ のとき，弟は家から500m の地点にいることがわかる。

No. 37 まとめテスト④

1 (1) $y=10-x$ (2) $y=\dfrac{1000}{x}$

(3) $y=60x$ 比例…(3)，反比例…(2)

2 ① $y=-\dfrac{3}{2}x$ ② $y=-\dfrac{5}{x}$

③ $y=\dfrac{12}{x}$ ④ $y=x$

---

3 (1) $y=4x$ (2) $0≦x≦10$，$0≦y≦40$

解説

1(1) （縦の長さ）＋（横の長さ）は，**周の長さの半分**の10cmである。

3(1) 三角形の面積の公式にあてはめて，

$y=x×8÷2$，$y=4x$

(2) 点 P は，頂点 B から頂点 C まで動くから，x の変域は，$0≦x≦10$

点 P が頂点 B にあるとき，y は最小値の 0 cm^2 をとり，頂点 C にあるとき，最大値 $4×10=40$(cm^2)をとる。

No. 38 直線と角，垂直と平行

1 (1) 直線 MN (2) 線分 MN

2 (1) ∠BAO(または，∠OAB)

(2) AB ∥ DC (3) AC⊥BD

3 (1) 点 F (2) 点 D (3) 3 cm

解説

2(1) 頂点を表す A をまん中に書き，∠BAO，または∠OAB と表す。

No. 39 図形の移動

1 (1)

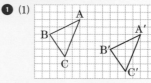

(2)

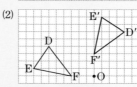

(3)

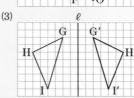

2 (1) イ，ウ，キ

(2) （例）まず，⑦を平行移動させて⑦と重ね合わせる。次に，⑦を対称移動させて⑦と重ね合わせる。

❷（別解）(2) まず，⑦を180°回転移動させて⑦と重ね合わせる。次に，⑦を対称移動させて⑦と重ね合わせる。
など他にも複数ある。

No. 40 作図(1)

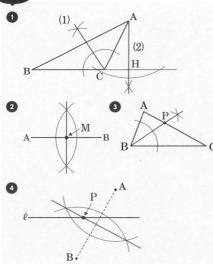

❶(1) 頂点 C を中心に円をかき，この円と2辺 CA，CB との交点を中心に等しい半径の円をかく。その交点を通る頂点 C からの半直線をかく。

(2) 高さは，頂点 A から直線 BC にひいた**垂線の長さ**になる。まず辺 BC を延長する。頂点 A を中心に円をかき，この円と直線 BC との交点を中心に等しい半径の円をかく。その交点を通る頂点 A からの半直線をかき，直線 BC との交点を H とする。

❷線分 AB の**垂直二等分線を作図**する。点 A，B を中心として等しい半径の円をかき，その交点を通る直線をかく。この直線と線分 AB との交点

をMとする。

❹2点から等距離にある点は，2点を結んだ線分の垂直二等分線上にあるので，線分 AB の**垂直二等分線**を作図し，直線 ℓ との交点を P とする。

No. 41 作図(2)

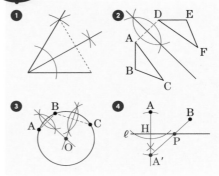

❶正三角形を作図し，60°の角をつくる。**その角の二等分線を作図**する。
❷対称の軸は，**対応する2点を結ぶ線分の垂直二等分線**である。
❸線分 AB と線分 BC の垂直二等分線を作図し，その交点を O とする。点 O を中心として，半径 OA の円をかく。
❹点 A から直線 ℓ へ垂線を作図し，ℓ との交点を H とする。この垂線上に AH＝A'H となる点 A' をとる。線分 A'B と直線 ℓ との交点を P とする。

No. 42 円とおうぎ形

❶ (1) 弧，$\overparen{AB}$ (2) 弦
(3) 6π，9π
❷ (1) 4π cm (2) 24π cm^2
❸ (1) $144°$ (2) 12π cm
❹ (1) $(16\pi+16)$cm (2) 32π cm^2

❶ (3) 周の長さ…$2\pi\times3＝6\pi$(cm)
面積…$\pi\times3^2＝9\pi$(cm^2)
❷ (1) $2\pi\times12\times\dfrac{60}{360}＝4\pi$(cm)

(2) $\pi \times 12^2 \times \dfrac{60}{360} = 24\pi\,(\text{cm}^2)$

別解 おうぎ形の面積 $S = \dfrac{1}{2}\ell r \begin{pmatrix} \ell : \text{弧の長さ} \\ r : \text{半径} \end{pmatrix}$

を利用して，$\dfrac{1}{2} \times 4\pi \times 12 = 24\pi\,(\text{cm}^2)$

❸(1) おうぎ形の面積は中心角に比例するから，

中心角は，$360° \times \dfrac{90\pi}{\pi \times 15^2} = 144°$

❹(1) $2\pi \times 16 \times \dfrac{90}{360} + 2\pi \times 8 \times \dfrac{180}{360} + 16$

$= 16\pi + 16\,(\text{cm})$

(2) $\pi \times 16^2 \times \dfrac{90}{360} - \pi \times 8^2 \times \dfrac{180}{360} = 32\pi\,(\text{cm}^2)$

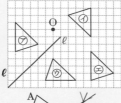

No. 43 まとめテスト⑤

❶(1) ④
(2) ④
　　右図の点 O
(3) ⑨
　　右図の直線 ℓ

❷(1) 右図
(2) 右図

❸(1) 6π cm
(2) 45π cm²

解説
❶(2) $180°$ の回転移動では，回転の中心は，対応する 2 点を結ぶ線分の中点である。
❷(2) 線分 CD の垂直二等分線を作図する。
❸(1) $2\pi \times 15 \times \dfrac{72}{360} = 6\pi\,(\text{cm})$

(2) $\pi \times 15^2 \times \dfrac{72}{360} = 45\pi\,(\text{cm}^2)$

No. 44 いろいろな立体

❶(1) ⑦三角柱　　④四角錐　　⑨円柱
　　　④五角柱　　⑦円錐
(2) ⑨, ⑦　　　　(3) 面…7, 辺…15
(4) ⑦, ④, ④　(5) ⑦, ④
❷(1) 正八面体　　(2) 面…8, 辺…12

解説
❶(4) 多面体は，平面だけで囲まれた立体。

(5) 五面体は，5 つの平面で囲まれた立体。

No. 45 空間内の直線や平面

❶(1) 3　　　(2) 直線　　(3) 1
❷(1) 辺 BE，辺 CF
(2) 辺 EF，辺 FD，辺 CF
(3) 辺 DE，辺 EF，辺 FD
(4) 面 ADEB，面 BEFC，面 ADFC
❸(1) ×　　(2) ○　　(3) ×

解説
❷(2) 辺 AB と平行でなく，交わらない辺を見つける。
❸(1) 右の直方体で，$\ell /\!/ P$，$\ell /\!/ Q$ だが，面 P と面 Q は平行ではない。
(3) 右の直方体で，$P \perp R$，$Q \perp R$ だが，面 P と面 Q は垂直ではない。

No. 46 回転体，投影図

❶(1) 六角柱　　(2) 回転体
❷(1) ⑨　　　(2) ④　　　(3) ⑦
❸(1) 三角柱　　(2) 円柱　　(3) 五角錐
(4) 円錐

解説
❷(2)(3) 回転の軸と回転させる平面図形が離れているときは，中が空どうの立体ができる。
❸ 正面から見た図（立面図）が長方形ならば角柱か円柱，三角形ならば角錐か円錐になる。真上から見た図（平面図）は底面の形を表している。

No. 47 立体の体積

❶(1) 765 cm³　　　(2) 300π cm³
❷(1) 960 cm³　　　(2) 384π cm³
❸(1) 96π cm³　　　(2) 128π cm³

解説
❶ 角柱・円柱の体積 $V = Sh \begin{pmatrix} S : \text{底面積} \\ h : \text{高さ} \end{pmatrix}$
(1) $\dfrac{1}{2} \times 9 \times 10 \times 17 = 765\,(\text{cm}^3)$

(2) $\pi\times5^2\times12=300\pi(\text{cm}^3)$

❷ 角錐・円錐の体積 $V=\dfrac{1}{3}Sh$

(1) $\dfrac{1}{3}\times12^2\times20=960(\text{cm}^3)$

(2) $\dfrac{1}{3}\times\pi\times8^2\times18=384\pi(\text{cm}^3)$

❸(1) 底面の半径が $6\,\text{cm}$, 高さが $8\,\text{cm}$ の円錐ができるから, $\dfrac{1}{3}\times\pi\times6^2\times8=96\pi(\text{cm}^3)$

(2) 底面の半径が $8\,\text{cm}$, 高さが $6\,\text{cm}$ の円錐ができるから, $\dfrac{1}{3}\times\pi\times8^2\times6=128\pi(\text{cm}^3)$

No.48 角柱・角錐の展開図と表面積

❶ (1) **12**　　(2) **60 cm²**　　(3) **72 cm²**

❷ (1) **120 cm²**　　(2) **145 cm²**

❸
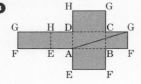

解説

❶(1) **底面の周の長さと等しい。**

(2) $5\times12=60(\text{cm}^2)$

(3) 底面積は, $\dfrac{1}{2}\times3\times4=6(\text{cm}^2)$

表面積は, $60+6\times2=72(\text{cm}^2)$

❷(1) $\dfrac{1}{2}\times5\times12\times4=120(\text{cm}^2)$

(2) 底面積は, $5\times5=25(\text{cm}^2)$

表面積は, $120+25=145(\text{cm}^2)$

❸ 解答の図で, ひもは辺 BC と交わるので, 辺 BC をふくむ長方形 AFGD 上で点 A と点 G を結ぶ線分が最短になる。

No.49 円柱・円錐の展開図と表面積

❶ (1) **8π cm**　　(2) **80π cm²**

(3) **112π cm²**

❷ (1) **4π cm**　　(2) **120°**　　(3) **12π cm²**

❸ (1) **66π cm²**　　(2) **27π cm²**

解説

❶(1) 側面の長方形の横の長さは, **底面の円周**

に等しいので, $2\pi\times4=8\pi(\text{cm})$

(3) $80\pi+\pi\times4^2\times2=112\pi(\text{cm}^2)$

❷(1) 側面のおうぎ形の弧の長さは, **底面の円周に等しいので,** $2\pi\times2=4\pi(\text{cm})$

(2) おうぎ形の弧の長さは, 中心角に比例することを利用する。

側面のおうぎ形をふくむ円の周の長さは, $2\pi\times6=12\pi(\text{cm})$ だから, おうぎ形の中心角は, $360°\times\dfrac{4\pi}{12\pi}=120°$

別解 中心角を $x°$ とすると,

$2\pi\times6\times\dfrac{x}{360}=4\pi$, $x=120$

(3) $\pi\times6^2\times\dfrac{120}{360}=12\pi(\text{cm}^2)$

別解 おうぎ形の面積 $S=\dfrac{1}{2}\ell r\begin{pmatrix}\ell：弧の長さ\\r：半径\end{pmatrix}$

より, $\dfrac{1}{2}\times4\pi\times6=12\pi(\text{cm}^2)$

❸(1) $8\times2\pi\times3+\pi\times3^2\times2=66\pi(\text{cm}^2)$

(2) 側面のおうぎ形の中心角は,

$360°\times\dfrac{2\pi\times3}{2\pi\times6}=180°$ より, 表面積は,

$\pi\times6^2\times\dfrac{180}{360}+\pi\times3^2=27\pi(\text{cm}^2)$

No.50 球の体積・表面積

❶ (1) $\dfrac{4}{3}$, **2**, $\dfrac{32}{3}\pi$　　(2) **4**, **2**, **16π**

❷ (1) **144π cm³**　　(2) **108π cm²**

❸ (1) **3：1：2**

(2) **円柱の側面積と球の表面積は等しい。**

解説

❷(1) $\dfrac{4}{3}\pi\times6^3\times\dfrac{1}{2}=144\pi(\text{cm}^3)$

(2) この半球の曲面の部分の面積は,

$4\pi\times6^2\times\dfrac{1}{2}=72\pi(\text{cm}^2)$

平面の部分の面積は, $\pi\times6^2=36\pi(\text{cm}^2)$

よって, $72\pi+36\pi=108\pi(\text{cm}^2)$

❸(1) 円柱の体積は, $\pi\times3^2\times6=54\pi(\text{cm}^3)$

円錐の体積は, $\dfrac{1}{3}\times\pi\times3^2\times6=18\pi(\text{cm}^3)$

球の体積は, $\dfrac{4}{3}\pi\times3^3=36\pi(\text{cm}^3)$

よって, 円柱, 円錐, 球の体積の比は, $54\pi：18\pi：36\pi=3：1：2$

(2) 円柱の側面積は，$6×2π×3＝36π(cm^2)$
球の表面積は，$4π×3^2＝36π(cm^2)$

まとめテスト⑥

❶ (1) 面P，面R，面S，面T
(2) 面S，面T

❷ (1) 体積…72 cm³，表面積…132 cm²
(2) 体積…324π cm³
表面積…216π cm²

❸ (1) 右図
(2) 800π cm³
(3) 360π cm²

解説
❷(1) 体積は，$\frac{1}{2}×8×3×6＝72(cm^3)$
表面積は，
$6×(5+8+5)+\frac{1}{2}×8×3×2＝132(cm^2)$

(2) 体積は，$\frac{1}{3}×π×9^2×12＝324π(cm^3)$
側面のおうぎ形の中心角は，
$360°×\frac{2π×9}{2π×15}＝216°$
表面積は，
$π×15^2×\frac{216}{360}+π×9^2＝216π(cm^2)$

❸(1) できる立体は，底面の円の半径が10cm，
高さが8cmの円柱。
(2) $π×10^2×8＝800π(cm^3)$
(3) $8×2π×10+π×10^2×2＝360π(cm^2)$

データの分析⑴

❶ (1) 20cm以上30cm未満の階級
(2) 10cm (3) 30人

(4)(5)
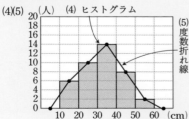
(4) ヒストグラム
(5) 度数折れ線

❷ (1) ⑦0.26 ④0.36 ⑨0.74
⑤0.92 ⑦0.30 ⑪0.70
(2) 47.5 kg (3) A グループ

解説
❶(2) $20-10＝10(cm)$
(3) $6+10+14＝30(人)$
(5) ヒストグラムの各長方形の上の辺の中点
を，順に線分で結ぶ。ただし，両端の階級
の左右には度数が0の階級があるものと考
えて，線分を横軸までのばす。
❷(2) 45kg以上50kg未満の階級の階級値だか
ら，$\frac{45+50}{2}＝47.5(kg)$
(3) 45kg以上50kg未満の階級の累積相対度
数が大きいほうが，50kg未満の生徒の割合
が大きい。

データの分析⑵

❶ (1) ⑦12.5 ④17.5 ⑨22.5
⑤30 ⑦125 ⑪140
⊕135 ⑦435
(2) 14.5分

❷ (1) 8点 (2) 6.5点

❸ (1) ⑦0.46 ④0.46 (2) 表以外

解説
❶(1) ⑦$\frac{10+15}{2}＝12.5$
(2) 表から(階級値×度数)の合計は435だか
ら，平均値は，$435÷30＝14.5(分)$
❷(1) 範囲＝最大値－最小値だから，
$10-2＝8(点)$
(2) データを小さい順に並べると，
2 3 4 5 5 6 7 7 8 9 9 10
6番目↗ ↖7番目
データの個数は12で偶数だから，中央値
は，6番目と7番目の値の平均値になる。
$(6+7)÷2＝6.5(点)$
❸(2) 表の相対度数が0.5より小さいので，表が
出る確率は，50%より少ない。よって，表
以外になるほうが出やすいといえる。

まとめテスト⑦

❶ (1) 14　　(2) 26%　　(3) 0.74

(4) 20m以上25m未満の階級

(5) 17.5m

(6)(7)

右図

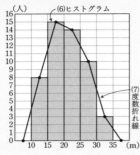

(6)ヒストグラム

(7)度数折れ線

❷ (1) 表

(2) 表…1710回, 裏…1290回

解説

❶ (2) $(10+3)÷50×100=26(\%)$

(3) 累積相対度数は, 累積度数を総度数でわると求められる。$(8+15+14)÷50=0.74$

(4) 25番目と26番目のデータが入る階級を考える。

❷(2) 表…$3000×0.57=1710(回)$

裏…$3000−1710=1290(回)$

または, $3000×(1−0.57)=1290(回)$

総復習テスト①

❶ (1) $−4$　　(2) $−9$　　(3) 48　　(4) $−21$

❷ 14

❸ (1) $(50x+80y)$円　　(2) $\left(1000−\dfrac{ab}{6}\right)$円

❹ (1) $−2a+1$　　(2) $−5x−3$

(3) $−a$　　(4) $−4x+6$

❺ (1) $x=5$　　(2) $x=4$

(3) $x=\dfrac{5}{2}$　　(4) $x=35$

❻ 12km

❼ (1) ① $y=−\dfrac{1}{3}x$　　② $y=\dfrac{6}{x}$

(2) $(−15,\ 5)$

❽ 右図

❾ (1) 辺 BC, 辺 CD,
辺 FG, 辺 GH

(2) 面 EFGH
面 DHGC

❿ 体積…$108\pi\ \mathrm{cm}^3$, 表面積…$90\pi\ \mathrm{cm}^2$

解説

❻ A 地点から B 地点までの距離を x km とすると, $\dfrac{x}{6}+\dfrac{x}{4}=5,\ x=12$

❽ 線分 AB の垂直二等分線と∠BAC の二等分線を作図し, その交点を P とする。

❿ 体積は, $\pi×3^2×12=108\pi(\mathrm{cm}^3)$

表面積は, $12×\pi×6+\pi×3^2×2=90\pi(\mathrm{cm}^2)$

総復習テスト②

❶ (1) $−3$　　(2) $2,\ 1,\ 0,\ −1,\ −2$

❷ (1) $−\dfrac{1}{3}$　　(2) $−11$

❸ (1) $−9$　　(2) $12−4x≦y$

❹ (1) $6x−18$　　(2) $−3x+10$

❺ (1) $a=14$　　(2) $a=9$

❻ 86個

❼ (1) $y=−\dfrac{1}{2}x$　　(2) $y=−\dfrac{14}{x}$

❽ (1) 右図

(2) $264\pi\ \mathrm{cm}^3$

❾ (1) 25kg 以上30kg 未満
の階級

(2) 39人

(3) 58%　　(4) 27.5kg

解説

❻ 子どもの人数をx人とすると,

$9x+14=11x−2,\ x=8$

クッキーの個数は, $9×8+14=86(個)$

❽(1) 底面の円の半径が6 cm, 高さが5 cmの円柱と, 底面の円の半径が6 cm, 高さが, $12−5=7(\mathrm{cm})$の円錐を重ね合わせた立体になる。

(2) $\pi×6^2×5+\dfrac{1}{3}×\pi×6^2×7=264\pi(\mathrm{cm}^3)$

ANSWERS